Uni-Taschenbücher 902

UTB

Eine Arbeitsgemeinschaft der Verlage

Birkhäuser Verlag Basel und Stuttgart
Wilhelm Fink Verlag München
Gustav Fischer Verlag Stuttgart
Francke Verlag München
Paul Haupt Verlag Bern und Stuttgart
Dr. Alfred Hüthig Verlag Heidelberg
Leske Verlag + Budrich GmbH Opladen
J. C. B. Mohr (Paul Siebeck) Tübingen
C. F. Müller Juristischer Verlag – R. v. Decker's Verlag Heidelberg
Quelle & Meyer Heidelberg
Ernst Reinhardt Verlag München und Basel
K. G. Saur München · New York · London · Paris
F. K. Schattauer Verlag Stuttgart · New York
Ferdinand Schöningh Verlag Paderborn
Dr. Dietrich Steinkopff Verlag Darmstadt
Eugen Ulmer Verlag Stuttgart
Vandenhoeck & Ruprecht in Göttingen und Zürich

Erich Gruber

Polymerchemie

Eine Einführung in die Chemie und
Physikalische Chemie der Makromoleküle

Mit 111 Abbildungen und 19 Tabellen

Springer-Verlag Berlin Heidelberg GmbH

Erich Gruber, Dr. phil., geb. 1941, Studium der Chemie an den Universitäten Wien und Graz, Promotion 1969 am Institut für Physikalische Chemie der Universität Graz (Prof. *O. Kratky*), Priv. Assistent von Prof. *J. Schurz,* 1971 bis 1977 Dozent am Institut für Makromolekulare Chemie der Technischen Hochschule Darmstadt, 1976 Habilitation für das Fachgebiet Makromolekulare Chemie, seit 1979 Privatdozent an der Technischen Hochschule Darmstadt. Seit 1978 in der Privatwirtschaft tätig, seit 1979 als Leiter der Forschung und Entwicklung eines kunststoffherstellenden Unternehmens.

CIP-Kurztitelaufnahme der Deutschen Bibliothek

Gruber, Erich
Polymerchemie : e. Einf. in d. Chemie u. physikal.
Chemie d. Makromoleküle / Erich Gruber. –
Darmstadt : Steinkopff, 1980.
    (Uni-Taschenbücher ; 902)

ISBN 978-3-7985-0514-8   ISBN 978-3-642-85304-3 (eBook)
DOI 10.1007/978-3-642-85304-3

© 1980 Springer-Verlag Berlin Heidelberg
Ursprünglich erschienen bei Dr. Dietrich Steinkopff Verlag, GmbH & Co. KG
Darmstadt 1980

Einbandgestaltung: Alfred Krugmann, Stuttgart

Vorwort

Mehr als die Hälfte aller Chemiker arbeiten in ihrer Berufspraxis auf dem Gebiete der Polymerchemie. Dies beruht auf der überragenden und noch immer zunehmenden Bedeutung der Polymeren auf allen Gebieten des täglichen Lebens. So wie die biologische Evolution ohne Biopolymere nicht möglich gewesen wäre, so ist auch eine echte Weiterentwicklung der Menschheit, ja sogar ihr weiteres Bestehen, ohne intensive Nutzung von Polymeren nicht denkbar. Allein ihre nahezu unbegrenzte Vielfalt und Anpassungsfähigkeit macht diese Stoffe unentbehrlich. Dazu kommt in einer Zeit zunehmender Energieverknappung der Vorteil, daß zu ihrer Herstellung im Verhältnis zu anderen Werkstoffen viel weniger Energie benötigt wird und daß ihr Einsatz im Gebrauch meistens ebenfalls Energie sparen hilft. Als Beispiel dafür sollen nur die wärmedämmenden Baustoffe und die gewichtseinsparenden Kunststoffe im Fahrzeugbau erwähnt werden.

Im Gegensatz zu der überragenden Bedeutung der Polymerchemie in der Praxis und im Berufsleben steht die noch immer recht stiefmütterliche Behandlung dieses Fachgebietes in der Ausbildung. Ein großer Teil der ins Berufsleben hinaustretenden, fertig ausgebildeten Chemiker hat kein Fach Makromolekulare Chemie oder Polymerchemie studiert. Er wird erst an seiner Arbeitsstätte „angelernt". Diesem Personenkreis und den Chemiestudenten und Chemotechnikern, die keine schulische Gelegenheit hatten, sich über die Besonderheiten der Polymeren in Herstellung, Charakterisierung und Eigenschaften zu informieren, soll das vorliegende Taschenbuch eine erste Orientierungshilfe bieten. Es sollte allerdings aufgrund seines beschränkten Umfangs nicht als Lehrbuch im Kleinformat betrachtet werden. Studierende, die Makromolekulare Chemie als Studienschwerpunkt betreiben, sollten auf die im Anhang angegebenen, umfangreicheren Werke zurückgreifen.

Eine der schwierigsten Aufgaben des Autors einer knappen Darstellung eines so umfangreichen Fachgebiets besteht in der Stoffauswahl und der Entscheidung darüber, welche der behandelten Fragen etwas ausführlicher erklärt werden sollen und bei welchen man sich mit mehr allgemeinen Feststellungen begnügen darf. Um dem angesprochenen Leserkreis am meisten Nutzen zu bieten, wurde versucht, die Schwerpunkte dort zu setzen, wo der klassische Chemiker am spärlichsten mit Information versorgt wird. Am wenigsten erfährt er in der Ausbildung normalerweise über die physikalische Chemie der Makromoleküle und über ihre Charakterisierungsmethoden. Gerade die physikalischen Eigenschaften aber prägen das Bild der Polymerstoffe und die spezifischen Analysenverfahren sind ebenfalls durchwegs physikalischer Natur. Am leichtesten übertragbar sind dagegen die Kenntnisse der niedermolekularen Chemie auf dem Gebiet der Synthese und der chemischen Modifizierung. Diese Kapitel wurden daher zugunsten der physikalisch-chemischen Kapitel besonders kurz gehalten. Dafür wurden auch Randgebiete in knapper Weise behandelt, die eigentlich schon in das Gebiet der Polymerphysik gehören. Damit sollte das Buch genauer „Einführung in die Polymerkunde für Chemiker" heißen.

Der Autor hofft, daß es dieser selbst gestellten Aufgabe einigermaßen gerecht wird.

Mainz, im Sommer 1980   *Erich Gruber*

Inhaltsverzeichnis

X

1. Einleitung

Die Polymerchemie ist ein verhältnismäßig junger Zweig der Chemie. Organische und Anorganische Chemie hatten schon einen hohen Stand erreicht, es gab längst eine Radiochemie und eine Quantenchemie, als man über die chemische Natur der Baustoffe der Biosphäre, unseres Körpers und der meisten Gegenstände des täglichen Gebrauchs sowie der Nahrungsmittel noch völlig im dunkeln tappte. Man hatte nicht nur jahrtausendelang bei der Zubereitung der Nahrung und der Herstellung der Kleidung chemische Reaktionen an Polymeren ausgeführt, sondern es waren durch Zufall schon eine Reihe von technischen Verfahren der Erzeugung polymerer Werkstoffe gefunden worden, ohne den geringsten Einblick in die dabei ablaufenden Vorgänge zu haben. Seit 1839 kennt man die Vulkanisation des Kautschuks, seit der Jahrhundertwende die Verfahren zur Isolierung und Verarbeitung der Cellulose und seit 1910 die Herstellung von Phenol-Formaldehyd-Harzen.

Erst 1922 entdeckte *Staudinger,* daß die Stoffgruppe, die später unter Rückgriff auf frühere Vorschläge den Namen Polymere erhalten sollte, aus einzelnen „Riesenmolekülen" (Makromolekülen) aufgebaut ist. Mit dieser Erkenntnis konnte man nun systematisch den bisher kaum beachteten Wissenskontinent erkunden.

Historischer Überblick über einige der wichtigsten Entdeckungen der Polymerchemie und die Einführung großtechnischer Polymerer

1839	E. Simon	Beobachtung der Polymerisation von Styrol
1839	F. Goodyear	Kautschukvulkanisation
1866	M. Berthelot	Einführung der Bezeichnung „Polymerisation"
um 1900		Viskoseprozeß
um 1900		Entwicklung einer „Kolloidchemie"
um 1910		technische Herstellung von Phenol-Formaldehyd-Harzen
1922	H. Staudinger	Beweis der Existenz von Makromolekülen

1

1930	W. Kuhn	statistische Berechnung der Molekülknäuelgestalt
1935	W. H. Carothers	Polyamide
1936		Buna S, Polyvinylchlorid
1937		Polyurethane
1942		Hochdruckpolyethylen
1943		Silikone
1943		Teflon
1948		Polyacrylnitrilfasern
1952	L. Pauling	α-Helix der Proteine
1952		Polyurethanschaum
1953		Polyesterfasern
1954	F. Cricks, J. D. Watson	Doppelhelix der Nukleinsäuren

Von da an kann man erst von einer Polymerchemie sprechen. Dieser jüngste Sproß der Chemie entwickelte sich anschließend sehr kräftig und löste eine Unzahl von Erfindungen und technischen Innovationen aus. Der Wert der in der Welt erzeugten Kunststoffe hat um 1980 schon den Wert der Weltstahlproduktion erreicht. Es erscheint daher nicht vermessen, unsere Zeit als das Zeitalter der Kunststoffe zu bezeichnen.

Folgende Produktionsziffern mögen die Bedeutung und den Anstieg der Kunststoffproduktion verdeutlichen.

Weltproduktion von Polymeren in Millionen Tonnen

	1950	1960	1970
Thermoplaste und Duromere	2	6,7	31,0
Synthetische Elastomere	1	2,6	4,7
Naturkautschuk	1,8	2,2	2,7
Synthetische Fasern	0,07	0,7	4,8
Celluloseregeneratfasern	1,6	2,6	3,6

Es wäre jedoch falsch, anzunehmen, daß die Produktion auch in Zukunft in gleich beschleunigtem Tempo wachsen wird. In dem Maße, in dem das wichtigste Rohmaterial für die Polymerproduktion, das Erdöl, knapper wird und im Preis steigt, wird die explosive Entwicklung gebremst werden. Inzwischen treten auch in manchen Sparten, wie z. B. bei den Kunstfasern, Absatzschwierigkeiten auf. Der Löwenanteil der Produktion entfällt auf die drei Massenkunststoffe: Poly(ethylen) (ca. 30%), Poly(vinylchlorid) (ca. 20%) und Poly(styrol) (ca. 15%).

Die angegebenen Produktionsmengen der menschlichen Industrie sind bestimmt eindrucksvoll, nehmen sich aber winzig aus, wenn man sie mit den Mengen von Polymeren vergleicht, die die Natur ständig synthetisiert. Der überwiegende Anteil wird für die Pflanzengerüste gebraucht. Dazu werden jährlich annähernd je 100 Milliarden Tonnen an Cellulose, an anderen Polysacchariden und an Lignin erzeugt. Von der wichtigsten tierischen Gerüstsubstanz, dem Chitin, wird jährlich ca. 1 Milliarde Tonnen gebildet. Schon daraus ist die dominierende Rolle der Makromoleküle in der Biologie ersichtlich. Ca. 90% des in der Biosphäre gebundenen Kohlenstoffs liegt in Form von Biopolymeren vor.

Nicht nur zum Aufbauen der tragenden Gerüste und als Schutzhülle verwendet die Natur Polymere, sondern Makromoleküle sind auch Träger aller Lebensfunktionen. In den funktionellen Makromolekülen hat die Architektur der Moleküle ihren höchsten Stand erreicht. So stellen die aus Proteinen aufgebauten Enzyme molekulare Automaten dar, deren Produktionsleistung, Genauigkeit, Flexibilität und Wirkungsgrad von keiner menschlichen Maschine bis jetzt auch nur annähernd erreicht wurde.

Mit den Nukleinsäuren hat die Natur Informationsspeicher und -transportsysteme entwickelt, deren Informationsdichte jeden Informationsträger von Menschenhand millionenfach übertrifft.

Diese wenigen Beispiele zeigen die Möglichkeiten auf, die der Mensch mit der makromolekularen Chemie in der Hand hat und läßt den weiteren Weg dieser Disziplin erahnen, auf dem erst die ersten Schritte getan wurden.

2. Aufbau der Polymeren

2.1. Grundbegriffe

Der Name „Polymer" bezeichnet einen Stoff, der aus „Makromolekülen" aufgebaut ist, unabhängig davon, ob es sich um ein Material biologischer Herkunft handelt (Biopolymer) oder ob es aus der Werkstatt des Chemikers stammt (Kunststoff). Unter Makromolekülen (Riesenmolekülen) versteht man Moleküle, die aus einer großen Zahl von Grundbausteinen bestehen, bei „Homopolymeren" aus gleichartigen, bei „Copolymeren" aus verschiedenartigen. Der Stoff, der die Grundbausteine liefert, heißt „Monomeres". Dieses ist eine niedermolekulare Substanz, deren Moleküle sich über eine Polyreaktion (eine Ketten- oder eine Stufenreaktion) miteinander verbinden können.

Der aus einem einzigen Monomermolekül stammende Ausschnitt aus einem Makromolekül wird „Grundbaustein" genannt, während die kleinste, sich ständig wiederholende Einheit als „Strukturelement" bezeichnet werden muß.

Als Information über die Größe eines Makromoleküls benutzt man entweder die Anzahl der in ihm enthaltenen Grundbau-

Tabelle 1. Grundbausteine und Strukturelemente von Makromolekülen

Ausgangsmonomere	Grundbausteine	Strukturelement
$CH_2=CH_2$	$-CH_2-CH_2-$	$-CH_2-$
CH_2N_2	$-CH_2-$	$-CH_2-$
$CH_2=CHR$	$-CH_2-CHR-$	$-CH_2-CHR-$
$(CH_2)_5 \begin{smallmatrix} \text{NH} \\ \\ \text{CO} \end{smallmatrix}$	$-NH-(CH_2)_5-CO-$	$-NH-(CH_2)_5-CO-$
$HOOC-(CH_2)_4-COOH$ $H_2N-(CH_2)_6-NH_2$	$-CO-(CH_2)_4-CO-$ $-NH-(CH_2)_6-NH-$	$-CO-(CH_2)_4-CO-$ $-NH(CH_2)_6-NH-$

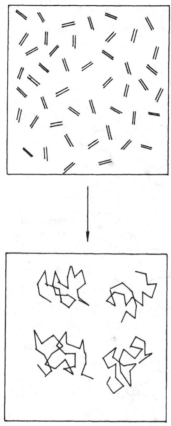

Abb. 1. Schematische Darstellung einer Polyreaktion.

steine, den „Polymerisationsgrad (P)" oder seine Molmasse (M). Bei Polymeren, die aus verschieden großen Makromolekülen bestehen, gibt man einen – jeweils genau festgelegten – Mittelwert von P oder M an. Bei Polymeren, in denen Grundbaustein und Strukturelement nicht identisch sind, muß man sich bei der Angabe eines Polymerisationsgrades stets vergewissern, daß sich dieser wirklich auf die Zahl der Grundbausteine und nicht etwa fälschlich auf die Zahl der Strukturelemente bezieht.

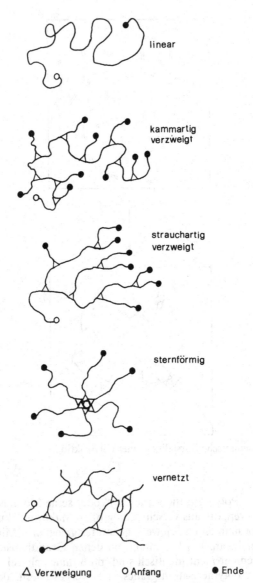

linear

kammartig
verzweigt

strauchartig
verzweigt

sternförmig

vernetzt

△ Verzweigung   O Anfang   ● Ende

Abb. 2. Verschiedene Formen von Makromolekülen, die aus linearen Segmenten aufgebaut sind.

2.2 Struktur einzelner Makromoleküle

2.2.1. Kettenaufbau

Obwohl die eingangs gegebene Begriffsbeschreibung eines Polymeren strenggenommen auch dreidimensionale kovalente Kristallstrukturen (wie z. B. Diamant und Quarz) oder kovalent gebundene Gitterschichten (wie in Graphit und in Schichtsilikaten) einschließt, bezieht man sich im allgemeinen nur auf Makromoleküle mit linearer Grundstruktur (Kettenmoleküle). Die Molekülketten können entweder unverzweigt, verzweigt oder vernetzt sein.

2.2.2 Copolymermoleküle

Sind die Makromoleküle aus einer einzigen Art von Grundbausteinen aufgebaut, spricht man von einem Homopolymeren (Unipolymeren), unterscheiden sich dagegen seine Grundbausteine voneinander, von einem Copolymeren. Durch Einbau verschiedener Monomerer wird eine ungeheuer große Vielfalt von Polymeren möglich. Schon mit zwei Arten von Monomeren lassen sich verschiedene lineare Molekülstrukturen aufbauen, die sich erheblich in ihren Eigenschaften unterscheiden können.

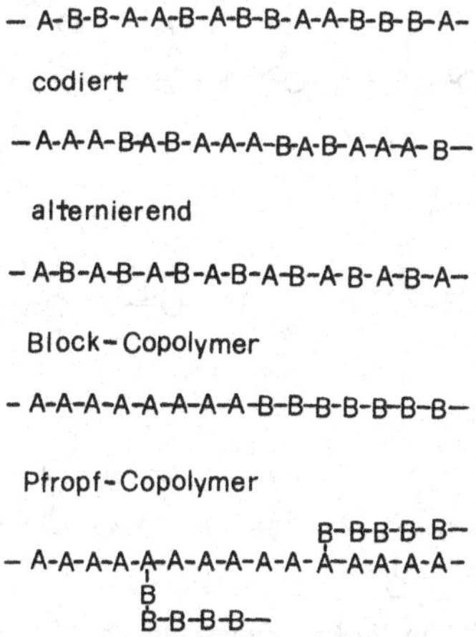

— A-B-B-A-A-B-A-B-B-A-A-B-B-B-A—

codiert

—A-A-A-B-A-B-A-A-A-B-A-B-A-A-A-B—

alternierend

— A-B-A-B-A-B-A-B-A-B-A-B-A-B-A—

Block-Copolymer

— A-A-A-A-A-A-A-A-B-B-B-B-B-B-B—

Pfropf-Copolymer

$$
\begin{array}{c}
\text{B-B-B-B-B—} \\
\text{— A-A-A-A-A-A-A-A-A-A-A-A-A-A-A-} \\
\text{B} \\
\text{B-B-B-B—}
\end{array}
$$

Abb. 3. Verschiedene Arten linearer, binärer Copolymerer.

2.2.3. Verknüpfung der Grundbausteine

Mit einem Spezialfall von Copolymercharakter hat man dann zu tun, wenn sich die einzelnen Grundbausteine nicht chemisch, sondern nur in ihrer räumlichen Anordnung bezogen auf die Kettenrichtung unterscheiden. Asymmetrische Grundeinheiten haben zwei verschiedene Enden („Kopf" und „Schwanz"). Am häufigsten werden sie bei der Polymerisation wegen besserer Raumausnutzung so verknüpft, daß immer Kopf auf Schwanz folgt, es kommen aber auch Kopf-Kopf- (und zwangsläufig dadurch Schwanz-Schwanz-) Verknüpfungen vor.

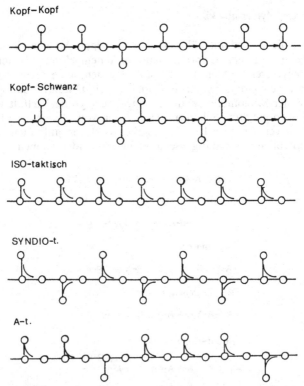

Abb. 4. Unterschiedliche Verknüpfungs- und Anordnungsmöglichkeiten asymmetrischer Grundbausteine entlang der Kette.

2.2.4. Taktizität

Grundbausteine, die kein einziges Symmetrieelement enthalten, können in zwei spiegelbildisomeren Formen auftreten, die nicht zur Deckung gebracht werden können. Dies wird in Abb. 5 dargestellt. Blickt man von Atom 1 zu Atom 2, die beide Bestandteil der Haupt-(Rückgrat-)kette des Makromoleküls sind, muß man das eine Mal eine Drehung im Uhrzeigersinn, das andere Mal eine solche gegen den Uhrzeigersinn machen, um den Substituenten A auf kürzestem Weg in die Stellung des Substituenten B zu bringen.

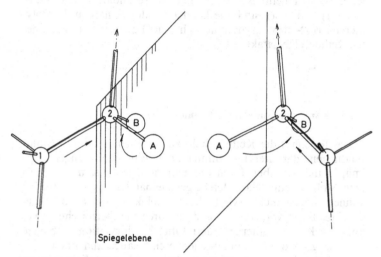

Abb. 5. Spiegelbildisomere von Grundeinheiten.

In der Organischen Chemie wird die räumliche Anordnung (Konfiguration) an einem verschiedene Substituenten tragenden Zentralatom dadurch festgestellt, daß man alle Substituenten entsprechend ihrer Massenzahl ordnet und den Rest der Verbindung vom schwersten Substituenten aus betrachtet. In der makromolekularen Chemie geht man zweckmäßigerweise anders vor, weil im Makromolekül durch das Molekülrückgrat immer schon eine bevorzugte Betrachtungsrichtung festgelegt wird. Man betrachtet ein asymmetrisches Kettenatom immer in *Ket-*

9

tenrichtung. Dadurch wird vermieden, daß gleichsinnige Anordnungen am Kettenanfang und am Kettenende verschieden bezeichnet werden müssen.

Für die meisten Eigenschaften der Moleküle ist aber nicht die absolute Konfiguration wichtig, sondern nur, wie sich die Substituenten benachbarter Atome beeinflussen, welche räumliche Konfiguration also benachbarte Asymmetriezentren zueinander haben. Weisen zwei aufeinanderfolgende Asymmetriezentren dieselbe Konfiguration auf, spricht man von einer *isotaktischen Diade* (it), unterscheiden sie sich darin, von einer *syndiotaktischen Diade* (st). Ist die Folge der Konfigurationsdiaden im Molekül völlig regelmäßig, nennt man diese „holotaktisch" (z. B. − it − st − it − st), sind alle Diaden it oder st, heißen die Polymeren „iso"- bzw. „syndiotaktisch", im Falle einer ungeordneten Reihenfolge „ataktisch".

2.2.5. Konformation von Kettenmolekülen

Das Rückgrat der Kette besteht aus Atomen, die durch Atombindungen, darunter fast immer auch Einfachbindungen, verknüpft sind. Da aber durch Einfachbindungen zusammengehaltene Molekülteile relativ leicht gegeneinander verdreht werden können, liegen nicht fixierte Makromoleküle nie in völlig gestreckter Form vor, sondern ändern durch die thermische Bewegung der Kettensegmente dauernd ihre Konformation, wobei sie am häufigsten die Gestalt eines lockeren Knäuels annehmen.

In Lösung liegen die Makromoleküle auch tatsächlich in Form eines ständig seine Form ändernden Knäuels vor, der im zeitlichen Mittel insgesamt ein etwa bohnenförmiges Volumen beansprucht, das neben der eigentlichen Molekülkette auch noch sehr viele Lösungsmittelmoleküle umfaßt. In Polymerschmelzen können sich die Kettensegmente noch gut bewegen, obwohl sie rundum von anderen Molekülketten umgeben sind und nähern sich daher auch der wahrscheinlichsten Knäuelform. Im festen Zustand wird die Bewegung der Segmente durch Nebenvalenzkräfte zu angrenzenden Nachbarketten stark eingeschränkt und in mehr oder weniger großen Bereichen ein höherer Ordnungszustand von Molekülabschnitten erzwungen.

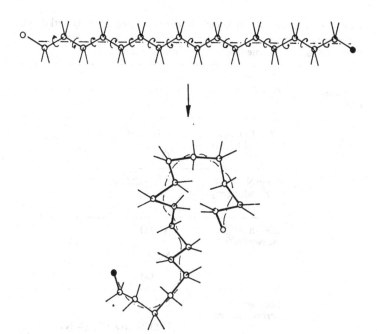

Abb. 6. Verknäuelung einer freien Molekülkette mit drehbaren Bindungen infolge der thermischen Segmentbewegungen.

2.3. Chemischer Aufbau

Bei der Betrachtung der chemischen Natur eines Polymeren unterscheidet man zweckmäßigerweise zwischen der Natur der Rückgratkette und den daran fixierten Seitengruppen. Die meisten Polymeren sind rein organisch, sie bauen sich aus Molekülen auf, die entweder nur Kohlenstoff oder Kohlenstoff und Heteroelemente O, N, S, P enthalten. Die Silicone haben ein anorganisches $-Si-O-Si-O-$ Grundgerüst, das organische Seitengruppen trägt, ebenso die praktisch hergestellten Polyphosphazene ($\sim\sim[N=PR_2]_n\sim\sim$). Rein anorganische Polymere sind z. B. die Silikate, polymerer Schwefel oder die Polyphosphate. In Tab. 2 wird eine Übersicht über die wichtigsten, chemisch verschiedenen Klassen von Polymeren gegeben.

Tabelle 2. Die wichtigsten chemisch unterschiedlichen Polymerklassen

Kettenaufbau	Polymerklasse	Grundstruktur
Kohlenstoff-ketten	Polyolefine	$\sim\!\!C - C\!\!\sim$
	Poly(O-vinyl-verbindungen)	$\cdots CH - CH_2 \sim$, $O-$
	Poly(N-vinyl-verbindungen)	$\sim\!\!CH - CH_2 \sim$, N
	Poly(halogen-wasserstoffe)	$(x)\ (x)$ $\sim\!\!C - C\!\!\sim$ $x\ \ (x)$
	Poly(acryl-verbindungen)	$\sim\!\!CH - CH_2 \sim$ $C(OOR)(ONH_2)(\equiv N)$
	Poly(allyl)-verbindungen	$\sim\!\!CH - CH_2 \sim$ $CH_2 - (y)$
Kohlenstoff–Sauerstoff-Ketten	Polyacetale	$\sim\!\!O - CHR - O\!\!\sim$
	Polyäther	$\sim\!\!O - C - R - C - O\!\!\sim$
	Phenolharze	$\sim\!\!C_6H_4OH - CH_2 - O\!\!\sim$
	Polyester	$\sim\!\!R - CO - O - R\!\!\sim$
	Polyanhydride	$\sim\!\!R - CO - O - CO - R\cdots$
	Polysaccharide	$\sim\!\!\langle Sac\rangle - O - \langle Sac\rangle\!\!\sim$
Kohlenstoff–Schwefel-Ketten	Polysulfide	$\sim\!\!R - S\!\!\sim$
	Polysulfone	$\sim\!\!Ar - SO_2 - Ar\!\!\sim$

Kettenaufbau	Polymerklasse	Grundstruktur
Kohlenstoff– Stickstoff- Ketten	Polyimine	$\sim\!\!N\!\!\sim$ $\quad\vert$ $\quad R$
	Harnstoffharze	$\sim\!\!NH-CO-NH\!\!\sim$
	Polyamide	$\sim\!\!NH-CO-R\!\!\sim$
	Polyimide	
	Proteine	$\sim\!\!NHR-CO-CHR\!\!\sim$
Kohlenstoff– Sauerstoff– Phosphor-Kette	Polynukleotide	Base $\quad\vert$ $\sim\!\!Rib-O-PO_2-O\!\!\sim$
Silizium– Sauerstoff-Kette	Silicone	$\sim\!\!Si-O-Si\!\!\sim$

X = Halogen, Y = O–R, $\langle$ Sac $\rangle$ = Zucker oder Zuckerderivat, Rib = Ribose, Base = Purin- oder Pyrimidinbase.

2.4. Uneinheitlichkeit

Ein niedermolekularer Stoff ist nur dann als völlig rein zu bezeichnen, wenn er ausschließlich aus (chemisch) gleichen Molekülen besteht. Diesen strengen Maßstab kann man auf Polymere nicht anwenden, denn Polymere bestehen fast immer aus verschiedenen Molekülen. Man spricht aber hier auch dann von einem Reinstoff, wenn diese Moleküle nur aus denselben Grundeinheiten aufgebaut sind. Die einzelnen Moleküle können sich aber in folgenden Merkmalen unterscheiden:

Polymerisationsgrad (Molmasse),
Struktur (Verknüpfung, Taktizität, Verzweigungen),
Konformation (Verknäuelung),
chemische Zusammensetzung (bei Copolymeren).

13

Je stärker sich die Moleküle bezüglich eines Merkmals unterscheiden, desto größer ist die *Uneinheitlichkeit* des Polymeren.

2.4.1. Darstellung der Uneinheitlichkeit

Wie man die Uneinheitlichkeit eines Polymeren beschreibt, soll anhand der Massenuneinheitlichkeit geschildert werden: Im betrachteten Stoff gibt es eine Anzahl (N_{10}) Moleküle mit dem Polymerisationsgrad $P = 10$, es gibt N_{11} Moleküle mit $P = 11$ usw. Trägt man die Zahl der Moleküle (N_i) mit einem bestimmten Polymerisationsgrad P_i als Funktion von P_i auf, erhält man eine Verteilungsfunktion (in diesem Fall die Zahlenverteilungsfunktion, weil die Molekülzahl betrachtet wird), wie sie in Abb. 7 gezeigt wird. Man bezeichnet diese Art der Darstellung als „differentielle" Verteilungsfunktion.

Die eigentliche Verteilungsfunktion besteht nur aus Punkten, weil es nur Moleküle mit ganzzahligem Polymerisationsgrad

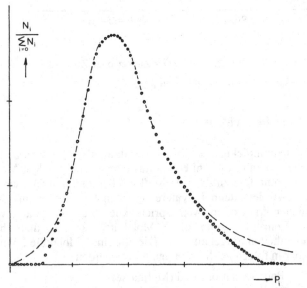

Abb. 7. Differentielle Zahlenverteilung des Polymerisationsgrades in einem massenuneinheitlichen Polymeren (○ wirkliche Häufigkeit, – – – mathematische Näherungsfunktion).

gibt. Normalerweise werden aber die Punkte verbunden, so daß eine glatte Kurve entsteht.

Um mit der Verteilungsfunktion rechnen zu können, wird die reale Funktion überdies durch empirische oder halbempirische mathematisch geschlossene Funktionen angenähert, die aber bei höheren Polymerisationsgraden nicht ganz auf Null absinken, sondern sich diesem Wert nur asymptotisch nähern. Im realen Polymeren gibt es natürlich demgegenüber keine unendlich langen Moleküle.

Häufig wählt man auch eine andere Art der Darstellung der Uneinheitlichkeit des Polymerisationsgrads, indem man betrachtet, wie viele aus der Gesamtzahl der Moleküle mindestens einen Polymerisationsgrad P_i aufweisen. Man trägt dann $\sum\limits_{i=1}^{i=n} N_i / \sum\limits_{i=0}^{i=\infty} N_i$ gegen P_i auf und erhält so eine „*integrale Verteilungsfunktion*", wie sie in Abb. 8 gezeigt wird.

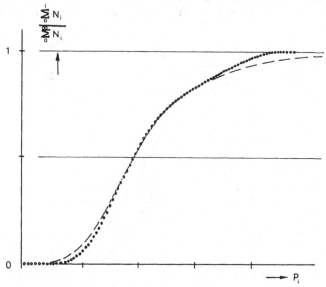

Abb. 8. Integrale Zahlenverteilung des Polymerisationsgrades für dasselbe System wie in Abb. 7 (○ wirkliche Häufigkeit, − − − Näherungsfunktion).

Die integrale Verteilungsfunktion heißt so, weil man sie durch Aufsummierung der in der differentiellen Verteilungsfunktion enthaltenen Anteile $N_i / \sum\limits_{i=0}^{i=\infty} N_i$ erhält. Die geglätteten (Näherungs-)verteilungsfunktionen verhalten sich wie eine Funktion zu ihrer auf eins normierten Integralfunktion.

Man kann die Uneinheitlichkeit gleichwertig beschreiben, indem man statt der Anzahl der Moleküle mit gleichem Polymerisationsgrad ihren Anteil an der Gesamtmasse angibt *(Massenverteilung,* oft auch Gewichtsverteilung bezeichnet). Während bei der Zahlenverteilung jedes Molekül unabhängig von seiner Masse als gleichwertig betrachtet wird, werden bei der Massenverteilung die Moleküle nicht abgezählt, sondern gewogen, dadurch spielen die schwereren Moleküle auch eine „gewichtigere" Rolle. Das Maximum der Verteilungsfunktion verschiebt sich bei der Massenverteilung gegenüber der Zahlenverteilung zu höheren Werten des Polymerisationsgrades (Abb. 9). Experimentell kann man die Massenverteilung bestimmen, indem man die Probe durch geeignete Trennoperationen in lauter Fraktio-

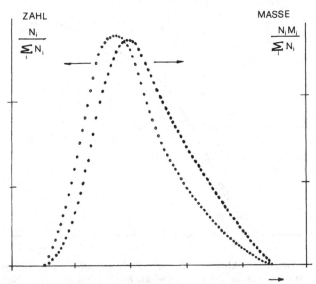

Abb. 9. Vergleich der Zahlen- und Massenverteilungsfunktion.

nen mit gleich schweren Molekülen auftrennt und die Masse dieser Fraktionen bestimmt. Durch Division durch die Molmasse einer Fraktion erhält man dann die Anzahl der in ihr enthaltenen Moleküle (Zahlenverteilung).

In der Praxis lassen sich allerdings keine völlig einheitlichen Fraktionen gewinnen, sondern man muß sich mit Fraktionen von endlicher, aber engerer Verteilungsbreite zufrieden geben.

Die Uneinheitlichkeit des Polymerisationsgrades ist die wichtigste und zugleich einfachste Art, wie sich die Moleküle in einem Polymeren unterscheiden können. Um das Polymere aber wirklich genau charakterisieren zu können, sollte man auch die Verteilungsfunktionen aller anderen, nicht konstanten Moleküleigenschaften (z. B. der Kettenstruktur) kennen. Dazu braucht man aber meist sehr aufwendige Untersuchungen.

2.4.2. Mittelwerte

Mißt man mit einer makroskopischen Methode eine Eigenschaft einer uneinheitlichen Menge, erhält man irgendeinen Mittelwert. Die Art der Mittelung hängt davon ab, auf welche charakteristische Größe die Meßmethode anspricht (Teilchenzahl, -masse, -größe etc.).

Der mathematische Mittelwert einer Wahrscheinlichkeitsgröße $W(x)$ ist definiert:

$$x_m = \int\limits_{-\infty}^{+\infty} x \cdot w(x) \cdot dx$$

$w(x) =$ Wahrscheinlichkeitsdichte.

Für eine nicht monotone Wahrscheinlichkeitsfunktion ergibt sich

$$x_m = \Sigma\, x_i \cdot N_i / \Sigma\, N_i.$$

Diese Art der Mittelwertsbildung kann man auf die Verteilungsfunktionen in Polymeren, die solche nicht monotonen Wahrscheinlichkeitsfunktionen sind, anwenden. Die physikalisch gemessenen Mittelwerte hängen nun davon ab, in welchem Maß die Meßmethode auf das betrachtete Merkmal anspricht. Dem läßt sich durch Verallgemeinerung der mathematischen Mittel-

17

wertsformel Rechnung tragen. Wir erhalten:

$$E_{m,r} = \frac{\Sigma N_i \cdot E_i^{r+1}}{\Sigma N_i \cdot E_i^r}$$

r = Ordnung der Mittelwertsbildung, E = Extensive Eigenschaft.

Speziell für den Polymerisationsgrad (bzw. das Molekulargewicht) ergeben sich folgende Formeln:

nullte Ordnung: Zahlenmittelwert

$$M_n = \frac{\Sigma N_i M_i}{\Sigma N_i} \qquad P_n = \frac{\Sigma N_i P_i}{\Sigma N_i}.$$

Die Teilchenmasse spielt bei der betrachteten Eigenschaft keine Rolle (z. B. für den osmotischen Druck einer Lösung)

erste Ordnung: Massen-(Gewichts-)mittelwert

$$M_w = \frac{\Sigma N_i M_i^2}{\Sigma N_i M_i} \qquad P_w = \frac{\Sigma N_i P_i^2}{\Sigma N_i P_i}.$$

Die Teilchenmasse geht hier in die Messung linear ein.

Bei manchen Meßmethoden beeinflußt die betrachtete Eigenschaft den Meßwert überproportional, diese Meßmethoden liefern dann Mittelwerte höherer Ordnung. In der Praxis spielt noch das sogenannte „Z-Mittel" (ursprünglich „Zentrifugenmittel"), ein Mittelwert zweiter Ordnung, eine gewisse Rolle.

Nicht alle Mittelwerte lassen sich in gleicher Weise berechnen. Die wichtigste Ausnahme stellt der Viskositätsmittelwert dar. In diesem Fall gilt:

$$M_\eta = \left(\frac{\Sigma N_i M_i^{1+a}}{\Sigma N_i M_i} \right)^{1/a}$$

a = Viskositätsexponent.

Diese Formel ist zwar rational abgeleitet, aber unbefriedigend, weil sie sich nicht in das Schema der übrigen Mittelwertsbildungen einordnen läßt. Im Bereich der üblichen a-Werte (0,5 bis 1) läßt sich aber genauso gut eine kohärente Mittelwertsformel verwenden:

$$M_\eta = \frac{\Sigma N_i M_i^{(a+1)}}{\Sigma N_i M_i^a}.$$

3. Synthese von Makromolekülen

Reaktionen, die, ausgehend von niedermolekularen Verbindungen, zu Polymeren führen, nennt man *Polyreaktionen*. Bei einer Sorte von Polyreaktionen wird bei jedem Reaktionsschritt eine neue reaktionsfähige Gruppe erzeugt, die sehr schnell neuerlich mit einem Monomermolekül reagieren kann. Hier handelt es sich um *Kettenreaktionen*.

Als Beispiele von Kettenreaktionen kann man die *Polymerisation* von ungesättigten (Doppelbindungen oder Ringstrukturen enthaltenden) Verbindungen angeben.

Polymerisationen
a) von Mehrfachbindungen   b) durch Ringöffnung

Bei einer anderen Gruppe von Polyreaktionen entsteht das Polymere durch schrittweise Reaktion von Monomeren, die schon mehrere funktionelle Gruppen enthalten. Solche *Stufenreaktionen* sind die *Polykondensation* und die *Polyaddition*.

Polykondensationen
a) Nylon-Typ

b) Perlon-Typ

$$H_2N\text{-}\sim\sim\text{-}\underset{\|}{\overset{O}{C}}\,OH \qquad H_2N\text{-}\sim\sim\text{-}\underset{\|}{\overset{O}{C}}\,OH$$

$$H_2O$$

$$H_2N\text{-}\sim\sim\text{-}\underset{\|}{\overset{O}{C}}\,NH\text{-}\sim\sim\text{-}\underset{\|}{\overset{O}{C}}\,OH$$

$$H_2N\text{-}\sim\underset{\|}{\overset{O}{C}}\,OH \qquad\qquad H_2O$$

$$H_2N\text{-}\sim\underset{\|}{\overset{O}{C}}\,NH\text{-}\sim\sim\text{-}\underset{\|}{\overset{O}{C}}\,NH\text{-}\sim\sim\text{-}\underset{\|}{\overset{O}{C}}\,OH \qquad H_2N\text{-}\sim\underset{\|}{\overset{O}{C}}\,OH$$

$$H_2O \qquad\qquad H_2N\text{-}\sim\sim\text{-}\underset{\|}{\overset{O}{C}}\,OH$$

$$H_2N\text{-}\sim\underset{\|}{\overset{O}{C}}\,NH\text{-}\sim\sim\text{-}\underset{\|}{\overset{O}{C}}\,NH\text{-}\sim\text{-}\underset{\|}{\overset{O}{C}}\,NH\text{-}\sim\underset{\|}{\overset{O}{C}}\,OH$$

Polyaddition

$$O{=}C{=}N\text{-}\sim\sim\text{-}N{=}C{=}O \qquad HO\text{-}\sim\sim\text{-}OH$$

$$O{=}C{=}N\text{-}\sim\sim\sim\text{-}NH\text{-}\underset{\|}{\overset{O}{C}}\text{-}O\text{-}\sim\sim\sim\text{-}OH$$

$$HO\text{-}\sim\sim\text{-}OH$$

$$HO\text{-}\sim\sim\text{-}O\text{-}\underset{\|}{\overset{O}{C}}\text{-}NH\text{-}\sim\sim\sim\text{-}NH\,\underset{\|}{\overset{O}{C}}\text{-}O\text{-}\sim\sim\sim\text{-}OH$$

$$O{=}C{=}N\text{-}\sim\sim\text{-}N{=}C{=}O$$

$$HO\text{-}\sim\sim\text{-}O\underset{\|}{\overset{O}{C}}NH\text{-}\sim\sim\sim\text{-}NH\underset{\|}{\overset{O}{C}}\text{-}O\text{-}\sim\sim\sim\sim\text{-}O\underset{\|}{\overset{O}{C}}NH\text{-}\sim\sim\text{-}N{=}C{=}O$$

Alle Polyreaktionen sind im Grunde Gleichgewichtsreaktionen, die Lage des Gleichgewichts kann aber sehr unterschiedlich sein. Sie hängt von der *Gibbs*schen Reaktionsenthalpie der Polyreaktion und von der Konzentration der Reaktanden ab. Wegen ihrer hohen Reaktionsenthalpie (~ 90 kJ/mol) polymerisieren Monomere mit Mehrfachbindungen meist fast vollständig. Polykondensationen dagegen liefern meist nur geringe Energie (~ 20 kJ/mol) und geben zusätzlich ein niedermolekulares Nebenprodukt (meistens Wasser), so daß hier das Gleichgewicht für die Polyreaktion viel ungünstiger liegt und viel schwieriger hohe Polymerisationsgrade und Reaktionsumsätze zu erzielen sind.

3.1. Polymerisation

Die Kettenreaktion setzt sich aus den Einzelschritten *Start, Wachstum* und *Abbruch* zusammen. Der Start wird durch einen Initiator ausgelöst, der die Doppelbindung der Monomermoleküle aktiviert, indem er zumeist an die Doppelbindung addiert wird und sein reaktives Zentrum auf das Monomermolekül überträgt. In selteneren Fällen besteht der erste Schritt in der Öffnung eines Ringes im Monomermolekül. Man unterscheidet zwischen radikalisch, ionisch und durch Komplexbildung (*Ziegler*-Katalysator) aktivierten Reaktionen,

radikalischer Kettenstart:

$$\cdot R + C = C \longrightarrow R - C - C\cdot$$

anionischer Kettenstart:

$$A^- + C = C \longrightarrow A - C - C^-$$

kationischer Kettenstart:

$$K^+ + C = C \longrightarrow K - C - C^+$$

Komplexkettenstart:

Das primär gebildete Radikal beim Radikalkettenstart kann dann eine weiterlaufende Kettenreaktion auslösen, wenn es genügend reaktionsfähig ist. Stark resonanzstabilisierte Radikale

21

Tabelle 3. Übersicht über technisch wichtige Polymerisate, Ausgangsmonomere und Polymerisationsmethoden

Monomer		Polymerisationsmechanismus				Polymer	
Bezeichnung	Formel	radikalisch	an-ionisch	kat-ionisch	komplex	Bezeichnung	Abkürzung
Eth(yl)en	$CH_2=CH_2$	T		L	T	Polyethylen	PE
Prop(yl)en	$CH_2=CH-CH_3$			L	T	Polypropylen	PP
But(yl)en	$CH_2=CH-CH_2-CH_3$				T	Poly(buten-1)	BT
Isobutylen	$CH_2=C\langle^{CH_3}_{CH_3}$			T	L	Poly(isobutylen)	PIB
Butadien	$CH_2=CH-CH=CH_2$	T	L		T	Poly(butadien)	BR
Isopren	$CH_2=C-CH=CH_2$ $\underset{CH_2}{\vert}$	L	L		T	Poly(Isopren)	
Styrol	$CH_2=CH-$ ◯	T	L	L	L	Polystyrol	PS
Vinylchlorid	$CH_2=CH-Cl$	T			L	Poly(vinylchlorid)	PVC

Dichloreth(yl)en	$CH_2=C\big\langle^{Cl}_{Cl}$		T		Poly(vinylidenchlorid)	PVDC
Tetrafluorethylen	$CF_2=CF_2$		T		Poly(tetrafluorethylen)	PTFE
Vinylether	$CH_2=CH-O-R$			T	Poly(vinylether)	PVE
Vinylester	$CH_2=CH-O-CO-R$		T		Poly(vinylester)	
Acrylsäuremethylester	$CH_2=CH-CO-O-CH_3$		T		Poly(methylacrylat)	PMA
Methacrylsäure-methylester	$CH_2=C-\underset{\underset{O}{\|}}{C}-O-CH_3,\ \overset{CH_3}{\|}$	L	T	L	Poly(methyl-methacrylat)	PMMA
Acrylnitril	$CH_2=CH-CN$	L	T	L	Poly(acrylnitril)	PAN
Vinylcarbazol	$CH_2=CH$ (Carbazol-Struktur)		T	L	Poly(vinylcarbazol)	
Vinylpyrrolidon	$CH_2=CH-N\big\langle^{C=O-CH_2}_{CH_2-CH_2}$	L	T	L	Poly(vinylpyrrolidon)	PVP

dagegen sind dazu zu stabil und reaktionsträge. Propenyl- und Isobutylradikale sind aus diesem Grund für eine Kettenreaktion unbrauchbar

$$CH_2 = CH - CH_2 \leftrightarrow \cdot CH_2 - CH = CH_2$$

Auch Vinylether lassen sich nur sehr schwer radikalisch polymerisieren, weil durch Resonanz mit dem Sauerstoff das π-Elektronensystem stark delokalisiert ist

$$CH_2 = CH - O - R \leftrightarrow {}^-CH_2 - CH = {}^+O - R.$$

Für eine kationische Polymerisation sind besonders Doppelbindungen geeignet, die elektronenliefernde Substituenten tragen (z. B. $-CH_3$, $-OR$, $-SR$, $-NR_2$). Umgekehrt verringern Elektronakzeptorsubstituenten die Elektronendichte im π-Elektronensystem, so daß die Doppelbindung durch Anionen leichter angreifbar ist (z. B. $-Cl$, $-CN$, $-COOR$, $-CH = CH_2$). Tab. 3 gibt einen Überblick über die Art der Polymerisierbarkeit von Monomeren zur Herstellung praktisch wichtiger Polymerer.

Unabhängig von der Art der Anregbarkeit müssen die Monomeren in einer *exothermen* Reaktion polymerisieren können ($\Delta H < 0$), weil die Freie Enthalpie G immer im Verlauf einer freiwilligen Reaktion abnehmen muß ($\Delta G < 0$). Eine Polymerisation kann nämlich nur durch Energiegewinn angetrieben werden, denn der Entropieinhalt S nimmt beim Übergang von unverbundenen, ungeordneten Monomermolekülen zu Molekülketten zwangsläufig ab ($\Delta S < 0$), was die Polymerisationstendenz abschwächt.

3.1.1. Radikalische Polymerisation

Wie bereits ausgeführt, unterscheiden wir bei der Polymerisation drei verschiedene Reaktionsabschnitte:

Start-, Wachstums- und Abbruchreaktion,

die im folgenden genauer besprochen werden sollen:

3.1.1.1. Startreaktion

Um die Kettenreaktion erst einmal in Gang zu bringen, müssen einige Monomermoleküle in einen reaktionsbereiten Zustand gebracht werden. Bei der radikalischen Polymerisation von Monomeren mit polymerisierbaren Doppelbildungen geschieht dies dadurch, daß durch physikalische Energiezufuhr (Wärme, Strahlung, Ultraschall oder starke Scherung) oder mit Hilfe eines chemischen Initiators ein Monomerradikal gebildet wird.

$$\underset{/}{\overset{\backslash}{C}} = \underset{\backslash}{\overset{/}{C}} + \text{Energie} \rightarrow \cdot \overset{|}{\underset{|}{C}} - \overset{|}{\underset{|}{C}} \cdot$$

$$\underset{/}{\overset{\backslash}{C}} = \underset{\backslash}{\overset{/}{C}} + \quad I \cdot \qquad - I - \overset{|}{\underset{|}{C}} - \overset{|}{\underset{|}{C}} \cdot$$

Die Initiatorradikale werden zumeist unmittelbar im Reaktionsansatz durch Zerfall einer leicht spaltbaren Verbindung (Initiator) hergestellt. Als günstig für diesen Zweck erwiesen sich Azoverbindungen wie Azo-bis-isobutyronitril (AIBN = $(CH_3)_2 C - N = N - C - (CH_3)_2$) und verschiedene Peroxide $R_2 - O - O - R_2$ (siehe Tabelle 4).

$$\overset{|}{\underset{CN}{}} \qquad \overset{|}{\underset{CN}{}}$$

Tabelle 4. Peroxidische Initiatoren

$$I - I = R_1 - O - O - R_2$$

Name	R_1	R_2
Kaliumpersulfat	$KOSO_2$	$KOSO_2$
Cyclohexylsulfonyl-acetylperoxid	H⟩—SO_2	CH_3CO
Dibenzoylperoxid	⟨O⟩—CO	⟨O⟩—CO
Cumolhydroperoxid	⟨O⟩—$C(CH_3)_2$	H
Di-t-butyl-peroxyd	$CH_3 - \overset{\overset{\displaystyle CH_3}{|}}{\underset{\underset{\displaystyle CH_3}{|}}{C}} -$	$CH_3 - \overset{\overset{\displaystyle CH_3}{|}}{\underset{\underset{\displaystyle CH_3}{|}}{C}} -$
Diisopropylpercarbonat	$(CH_3)_2 CH - O - CO$	$(CH_3)_2 CH - O - CO$

Das Initiatorradikal bildet sich durch Thermo- oder Photolyse.

Thermolyse: $I-I \xrightarrow{T} 2 I\cdot$

Photolyse: $I-I \xrightarrow{h\nu} 2 I\cdot$.

Diese Reaktionen sind aber in ihren Einzelheiten noch nicht völlig aufgeklärt.

Die Initiatorverbindungen müssen einerseits leicht zu spalten sein, andererseits müssen sie aber auch genügend stabil sein, daß man sie gefahrlos handhaben kann. Die gebildeten Initiatorradikale dürfen nicht zu reaktiv sein, weil sie sonst verschwinden, noch bevor sie ein Monomermolekül angeregt haben, sie dürfen aber auch wieder nicht zu stark stabilisiert sein (wie z. B. Triphenylmethyl), weil sie sonst auch kaum mit dem Monomeren reagieren.

Aktivierung von Initiatoren

Hydroperoxide bilden besonders leicht Radikale, wenn man das entstehende Hydroxylradikal mit einem organischen Reduktionsmittel oder einem Übergangsmetallion niedrigerer Wertigkeit zu OH^- reduziert, z. B.

$$R-O-O-H + Fe^{2+} \longrightarrow R-O\cdot + OH^- + Fe^{3+}.$$

Durch ein solches System ausgelöste *„Redoxpolymerisationen"* brauchen keine hohe Starttemperatur. Wegen der Exothermität der Polymerisation sind tiefe Polymerisationstemperaturen oft vorteilhaft. Technisch wird Polybutadien (synthetischer Gummi, synthetic butyl rubber, SBR) durch redox-initiierte Emulsionspolymerisation bei $-5°C$ gewonnen.

Inhibierung der Startreaktion und Stabilisierung
der Monomeren:

Die Startreaktion kann unterdrückt werden, wenn die durch Thermo-, Photolyse oder durch unerwünschte Initiatoren gebildeten Radikale mit bestimmten Inhibitoren („Radikalfängern") zur Reaktion gebracht werden, die mit Radikalen bevorzugt reagieren, ohne selbst eine Polymerisation auszulösen. Auf diese Weise wirken Sauerstoff, viele Nitro- und Schwefelverbindungen, Phenole, Aldehyde und Carbonate. Besonders wirksam sind

Chinone, Nitrobenzole, Thiazine etc. Diese Verbindungen werden den Monomeren in geringen Mengen (0,001 − 1 Promille) als Stabilisatoren zugesetzt, um spontane Polymerisation zu vermeiden.

3.1.1.2. Wachstumsreaktion

Das durch die Startreaktion gebildete Radikal kann sehr schnell ein Monomer addieren, wodurch ein verlängertes Radikal entsteht, das in gleicher Weise weiter reagieren kann:

$$I\,M_1 + M \cdot \longrightarrow I\,M_2 \cdot$$
$$I\,M_n + M \cdot \longrightarrow I\,M_{n+1} \; .$$

Die für einen Additionsschritt benötigte Zeit liegt in der Größenordnung einer Millisekunde. Bei Vinylmonomeren vom Typ $RCH=CH_2$ können dabei verschiedene Verknüpfungen vorkommen.

Kopf − Schwanz-Bindung

$$\sim\!\!\sim\!CH_2 - \underset{\underset{R}{|}}{CH} \cdot + CH_2 = CHR \rightarrow \sim\!\!\sim\!CH_2 - \underset{\underset{R}{|}}{CH} - CH_2 - \underset{\underset{R}{|}}{CH} \cdot$$

Kopf − Kopf-Bindung

$$\sim\!\!\sim\!CH_2 - \underset{\underset{R}{|}}{CH} \cdot + RCH = CH_2 \rightarrow \sim\!\!\sim\!CH_2 - \underset{\underset{R}{|}}{CH} - \underset{\underset{R}{|}}{CH} - CH_2 \cdot$$

Schwanz − Schwanz-Bindung

$$\sim\!\!\sim\!\underset{\underset{R}{|}}{CH} - CH_2 \cdot + CH_2 = CHR \rightarrow \sim\!\!\sim\!\underset{\underset{R}{|}}{CH} - CH_2 - CH_2 - \underset{\underset{R}{|}}{CH} \cdot$$

Schwanz − Kopf-Bindung

$$\sim\!\!\sim\!\underset{\underset{R}{|}}{CH} - CH_2 + RCH = CH_2 \rightarrow \sim\!\!\sim\!\underset{\underset{R}{|}}{CH} - CH_2 - \underset{\underset{R}{|}}{CH} - CH_2 \cdot$$

Kopf−Schwanz-Bindung und Schwanz−Kopf-Bindung können im Ketteninneren nicht unterschieden werden, weil sie dieselbe Substitutenanordnung $\sim\!\!\sim\!\underset{\underset{\underset{|}{C}}{|}}{CH} - CH_2 \!\sim\!\!\sim$ haben. Die meisten

Polymeren enthalten vorwiegend Kopf–Schwanz-Bindungen, weil das Monomer aus räumlichen Gründen an Schwanzende leichter angegriffen wird und das entstehende Makroradikal am Kopfende besser stabilisiert werden kann.

Enthält das Monomere konjugierte Doppelbindungen, wie z. B. Butadien, so wird meist eine α, ω-Addition bevorzugt.

$$\text{\textasciitilde\textasciitilde CH}_2\cdot + \text{CH}_2\text{=CH−CH=CH}_2 \rightarrow$$
$$\text{\textasciitilde\textasciitilde CH}_2\text{−CH}_2\text{−CH=CH−CH}_2\cdot$$

3.1.1.3. Abbruchreaktion

Das Makroradikal kann sein ungepaartes Elektron durch Rekombination, Disproportionierung oder Übertragung verlieren und damit seine Fähigkeit zu weiterem Wachstum einbüßen.

Abbruch durch Rekombination

Das Makroradikal reagiert dabei mit einem anderen Makroradikal, einem Initiatorradikal oder einem Inhibitorradikal.

$$I\text{\textasciitilde\textasciitilde}M\cdot + \cdot M\text{\textasciitilde\textasciitilde}I \rightarrow I\text{\textasciitilde\textasciitilde}I$$
$$I\text{\textasciitilde\textasciitilde}M\cdot + \cdot I \rightarrow I\text{\textasciitilde\textasciitilde}I$$
$$I\text{\textasciitilde\textasciitilde}M + \cdot R \rightarrow I\text{\textasciitilde\textasciitilde}R.$$

Abbruch durch Disproportionierung

Das Makroradikal reagiert mit einem anderen Radikal und entreißt diesem in einer radikalischen Eliminierungsreaktion einen Substituenten. Das entstehende Biradikal stabilisiert sich durch Ausbildung einer Doppelbildung.

$$I\text{\textasciitilde\textasciitilde}CH_2\text{−CHR}\cdot + \text{\textasciitilde\textasciitilde}CH_2\text{−CHR} \rightarrow$$
$$\rightarrow I\text{\textasciitilde\textasciitilde}CH_2\text{−CH}_2R + \text{\textasciitilde\textasciitilde}CH\text{=CHR}$$

Abbruch durch Übertragung

Unter geeigneten Bedingungen kann das Makroradikal auch mit einem nicht dissoziierten Molekül reagieren und aus diesem ein Radikal abspalten und anlagern. Das dadurch gebildete neue Radikal kann sich durch Reaktion mit Initiator, Lösungsmittel, Inhibitoren oder Monomeren stabilisieren. Im letzteren Fall wird es zum Ausgangspunkt einer neuen Kette.

$$I\text{\textasciitilde\textasciitilde}M\cdot + R\,Y \rightarrow I\text{\textasciitilde\textasciitilde}M\,Y + R\cdot$$

Erfolgt die Übertragung an einer Grundeinheit innerhalb einer schon gebildeten Makromolekülkette, kann an dem sekundär gebildeten Radikal eine *Seitenkette* aufwachsen. Eine solche *Propfreaktion* führt zu einem verzweigten Makromolekül.

$$I \sim\sim\sim M \cdot + \sim\sim CH_2 \sim\sim \rightarrow$$
$$\rightarrow I \sim\sim\sim MH + \sim\sim \dot{C}H \sim\sim\sim$$
$$\sim\sim \dot{C}H \sim\sim + nM \rightarrow \sim\sim\sim CH \sim\sim\sim .$$

Den Übertragungsmechanismus macht man sich in der Praxis auch zunutze, um unerwünschtes Kettenwachstum zu stoppen. Dazu setzt man dem Reaktionsansatz Verbindungen zu, die als Übertragungsakzeptoren wirksam werden können ("Regler"). Als besonders geeignet erwiesen sich in dieser Hinsicht unter anderem Mercaptane. Da die S−H-Bindung etwas schwächer ist als die C−H-Bindung, werden bevorzugt R−S·-Radikale gebildet.

$$I \sim\sim\sim CH_2 - \dot{C}HX + RSH \rightarrow I \sim\sim\sim CH_2CH_2X + RS \cdot .$$

Unter den üblicherweise verwendeten Lösungsmitteln zeigen besonders chlorierte Verbindungen eine relativ hohe Übertragungsempfindlichkeit. Überträger können zum Teil auch als Inhibitoren oder Verzögerer wirken, wenn sie auf die Startreaktion wirken oder nicht reaktive Radikale bilden.

3.1.1.4. Kinetik der Polymerisation

Jede Teilreaktion der Polymerisation läuft mit der ihr eigenen, durch die Geschwindigkeitskonstante k beschreibbaren, Geschwindigkeit ab. Für die einzelnen Teilschritte wollen wir die in Tab. 5 zusammengestellten Symbole benutzen.

Bei der thermischen Polymerisation werden die aktiven Radikale durch die langsame Teilreaktion A (Zerfall), gefolgt von der schnellen Teilreaktion B (Addition) gebildet. Bei der Photolyse hängt deren Bildungsgeschwindigkeit von der Intensität des einfallenden Lichts I und den photochemischen Konstanten φ_l und ε des Monomeren ab. Verbraucht werden die im System befindlichen Radikale durch die Abbruchreaktionen E und F. Soweit die Übertragungsreaktion G zu inaktiven Radikalen führt, verbraucht sie ebenfalls aktive Zentren.

Tabelle 5. Kinetik der Polymerisations-Teilreaktionen

Teilreaktion Bezeichnung	Gleichung	Reaktionsgeschwindigkeit	Geschwindigkeitskonstante	Geschwindigkeitsgleichung
A Initiatorzerfall	$I_2 \rightarrow 2\,I\cdot$	V_i	k_i	$V_i = \dfrac{d[I\cdot]}{dt} = k_i[I_2]$
B Initiatoraddition	$I\cdot + M \rightarrow I\,M\cdot$	V_a	k_a	$V_a = \dfrac{d[IM\cdot]}{dt} = k_a[I\cdot][M]$
C Photolyse*	$M + h\nu \rightarrow M\cdot$	V_l	$k_l = \varphi_l \cdot \varepsilon\,I_l$	$V_l = \varphi_l \cdot \varepsilon \cdot I_l \cdot [M]$
D Wachstum	$I\,M_n\cdot + M \rightarrow I\,M_{n+1}\cdot$	V_p	k_p	$V_p = k_p \cdot [M]\,[\sim\!\sim\! M\cdot]$
E Rekombination	$I\,M_n\cdot + I\,M_m \rightarrow I\,M_{m+n}\,I$	V_r	k_r	$V_r = k_r\,[\sim\!\sim\! M\cdot]^2$
F Disproportionierung	$I\,M_nX\cdot + I\,M_mY\cdot \rightarrow I\,M_nXY + I\,M_m$	V_d	k_d	$V_d = k_d\,[\sim\!\sim\! M\cdot]^2$
G Übertragung	$I\,M_n\cdot + X\,Y \rightarrow I\,M_nX + Y\cdot$	V_{tr}	k_{tr}	$V_{tr} = k_{tr}\,[\sim\!\sim\! M]\,[X\,Y]$

* Für die Photolyse gelten folgende Symbole: I_l = Intensität des eingestrahlten Lichts; φ_l = Quantenausbeute der Photoreaktion; ε = molarer Absorptionskoeffizient.

Betrachtet man den zeitlichen Ablauf der Polymerisation, kann man zwischen einer Anfangs-, einer stationären und einer Endphase unterscheiden. Während in der Anfangsphase Radikale neu gebildet werden, bleibt in der stationären Phase die Radikalkonzentration konstant. Für die Radikalbildung ist V_i der geschwindigkeitsbestimmende Schritt, für die Beseitigung der Radikale kann man in erster Näherung die Übertragungsreaktionen vernachlässigen und die Abbruchreaktionen zu V_t zusammenfassen ($V_t + V_d + V_r$ $k_t = k_d + k_r$).

Für Stationarität gilt dann:

$$V_i = V_t$$
$$k_i[I_2] = k_t[\text{\small$\sim\!\!\sim$}M\cdot]^2$$
$$[\text{\small$\sim\!\!\sim$}M\cdot] = \frac{k_i}{k_t}[I_2]^{1/2}$$

Die so errechnete Konzentration an aktiven Radikalen $\text{\small$\sim\!\!\sim$}M\cdot$ bestimmt die Geschwindigkeit der Wachstumsreaktion (C).

$$V_p = k_p\cdot[M][\text{\small$\sim\!\!\sim$}M\cdot]$$
$$V_p = \frac{k_p\cdot k_i^{1/2}}{k_t^{1/2}}[I_2]^{1/2}[M]$$

Für den Fall der Photopolymerisation ergibt sich:

$$V_p = k_p\left(\frac{\varphi_1\cdot\varepsilon\cdot I_1}{k_t}\right)^{1/2}[M]^{3/2}$$

Kinetische Kettenlänge L_{kin} und Polymerisationsgrad

Die kinetische Kettenlänge L_{kin} ist ein wichtiger Begriff für die Charakterisierung einer Polymerisationsreaktion. Man versteht darunter die durchschnittliche Zahl von Monomeren, die an ein aktives Zentrum während seiner Lebensdauer gebunden werden. Im stationären Zustand ($V_t = V_i$) ist diese Lebensdauer um so kleiner, je schneller Radikale gebildet werden (V_i) und wieder verschwinden (V_t). Die kinetische Kettenlänge ist daher gegeben durch

$$L_{kin} = \frac{V_p}{V_t} = \frac{V_p}{V_i} = \frac{k_p^2}{k_t}\cdot\frac{[M]^2}{V_p} = cons.\frac{1}{V_p}.$$

Für den Fall, daß der Kettenabbruch allein durch Disproportionierung erfolgt, ist die kinetische Kettenlänge gleich dem

Polymerisationsgrad $L_{kin} = P$. Wenn dagegen alle Ketten durch Rekombination abgebrochen werden, sind diese doppelt so lang: $P_n = 2 L_{kin}$. Beide Größen stellen hier einen Zahlenmittelwert dar.

Der Ausdruck für die kinetische Kettenlänge zeigt, daß der Polymerisationsgrad mit steigender Polymerisationsgeschwindigkeit sinkt. Bei der thermisch ausgelösten Polymerisation hängt der geschwindigkeitsbestimmende Schritt, der Initiatorzerfall, stark von der Temperatur ab. Mit steigender Temperatur beschleunigt sich die Reaktion (V_p nimmt zu), und der mittlere Polymerisationsgrad wird daher kleiner. Der Anregungsschritt bei der Photopolymerisation ist dagegen weitgehend temperaturunabhängig, daher ändert sich in diesem Fall auch der Polymerisationsgrad mit der Temperatur nur geringfügig, er kann sogar etwas zunehmen.

Setzt man in den Ausdruck für L_{kin} die zuvor abgeleitete Bezeichnung für V_p ein, findet man auch einen Zusammenhang mit der Initiatorkonzentration.

$$L_{kin} = \frac{k_p}{k_t^{\frac{1}{2}} k_i^{\frac{1}{2}}} \cdot \frac{[M]}{[I_2]^{\frac{1}{2}}} = \text{cons. } [I_2]^{-\frac{1}{2}}.$$

Der Polymerisationsgrad nimmt also unter sonst gleichen Bedingungen mit steigender Initiatorkonzentration ab.

Selbstbeschleunigung der Polymerisation
(*Trommsdorff-Norrish*-Effekt)

In der Endphase einer Polymerisation in Lösung sollte es normalerweise durch Verarmung an Monomeren und Initiatoren zu einem langsamen Abklingen der Reaktion kommen. Oft aber steigt gerade gegen Ende der Reaktion die Reaktionsgeschwindigkeit noch einmal an. Dies liegt daran, daß durch die Polyreaktion die Viskosität des Lösungsgemischs ständig ansteigt, was sich auf die Start- und Wachstumsreaktion nur wenig auswirkt, aber auf die bimolekularen Abbruchreaktionen, bei denen sich die aktiven Enden zweier Makromoleküle treffen müssen, einen erheblichen Einfluß hat. Im hochviskosen Medium können die langen Kettenmoleküle nur langsam diffundieren, wodurch ein Kettenabbruch unwahrscheinlich wird. Die anderen Teilreaktionen, an denen kleine Moleküle beteiligt sind, die sich im viskosen System noch viel weniger behindert bewegen können, werden kaum gehemmt. Dadurch beschleunigt sich die Bruttoreaktion, und es kann sogar zu einer Explosion kommen, wenn man die durch die exotherme Reaktion freiwerdende Wärme nicht schnell und wirksam genug abführt.

3.1.1.5. Thermodynamische Betrachtung

Will man die Temperaturabhängigkeit des Polymerisationsgrades genauer beurteilen, dann muß man bedenken, daß auch die Polymerisationsreaktion im Grunde eine Gleichgewichtsreaktion ist, der eine Depolymerisationsreaktion entgegenläuft.

$$\sim\!\!\sim\!\!M_n\cdot + M \underset{k_{dp}}{\overset{k_p}{\rightleftharpoons}} \sim\!\!\sim\!\!M_{n+1}.$$

p = Polymerisation, dp = Depolymerisation.

Die Bruttopolymerisationsgeschwindigkeit V_{bp} ergibt sich aus der Differenz der Hin- und der Rückreaktion

$$V_{bp} = V_p - V_{dp} = k_p\,[\sim\!\!\sim\!\!M\cdot]\cdot[M] - k_{dp}\,[\sim\!\!\sim\!\!M\cdot].$$

Im Gleichgewicht, das bei Polymerisationsreaktionen oft sehr schnell erreicht wird, ist $V_{bp} = 0$. Die Lage des Gleichgewichts ist stark temperaturabhängig, sie wird dadurch charakterisiert, daß die freie Polymerisationsenthalpie ΔG_p verschwindet.

$$\Delta G_p = \Delta H_p - T\,\Delta S_p = 0.$$

Bei Vinylmonomeren liegen die Polymerisationsenthalpien ΔH_p zwischen 30 und 150 kJ mol^{-1}, die Polymerisationsentropien ΔS_p zwischen 100 und 130 JK^{-1} mol^{-1}. Die Temperatur, bei der die molare, freie Polymerisationsenthalpie Null wird, nennt man *Ceiling*-Temperatur T_c. Oberhalb dieser Temperatur überwiegt die Depolymerisation und es wird insgesamt kein Polymer mehr gebildet. Bei niedrigen Temperaturen liegt das Gleichgewicht stark auf der Seite der Polymerisation. Die Lage des Gleichgewichts bestimmt den Polymerisationsgrad.

Auch die thermodynamische Betrachtung zeigt damit, wie auch die kinetischen Betrachtungen, daß der Polymerisationsgrad mit steigender Temperatur sinkt. Anschaulich läßt sich das so vorstellen, daß immer mehr Molekülketten infolge ihrer Wärmebewegung wieder auseinanderreißen, je länger diese sind und je höher die Temperatur ist. Da die Depolymerisation bei längeren Makromolekülen wahrscheinlicher ist als bei kurzen, wird durch diesen Vorgang die Polymerisationsgradverteilung enger.

Der Gleichgewichtspolymerisationsgrad wird von den meisten wachsenden Ketten sehr schnell erreicht. Da in derselben Zeitspanne durch den relativ langsamen Initiatorzerfall nur wenige Radikale neu gebildet werden, gibt es zu jedem Zeitpunkt der Polymerisation kaum „unfertige" Ketten, der mittlere Polymerisationsgrad bleibt also während der gesamten Dauer der stationären Reaktion konstant.

3.1.2. Ionische Polymerisation

Bei der ionischen Polymerisation wird die polymerisierbare Doppelbindung durch einen stark polaren, meist ionisch dissoziierten Initiator aktiviert. Es ist viel schwieriger, eine positive oder negative Überschußladung im π-Orbital der Doppelbindung zu schaffen als ein ungepaartes Elektron. Die Ladungstrennung muß daher von elektronenanziehenden oder -abstoßenden Subsituenten unterstützt werden. Elektronenakzeptoren stabilisieren durch Delokalisation eine negative Ladung, Elektronendonatoren begünstigen die Bildung reaktiver Kationen.

$$I^+ \dots A^- + {}^{\backslash}C = C^{/}_{\backslash R_D} \rightarrow I - \overset{|}{\underset{|}{C}} - \overset{|}{\underset{\uparrow}{C^+}} \dots A^-$$
$$R$$

$$I^- \dots K^+ + {}^{\backslash}C = C^{/}_{\searrow R_A} \rightarrow I - C - \underset{\downarrow}{C^-} \dots K^+.$$
$$R$$

Die Gegenionen spielen für die Stabilisierung des ionischen Anregungszustandes ebenfalls eine wichtige Rolle. Bei der ionischen Polymerisation übt auch das Lösungsmittel einen stärkeren Einfluß aus als bei radikalisch verlaufenden Reaktionen. Einerseits fördern polare Lösungsmittel die Dissoziation des Initiators, andererseits schirmen hochpolare Lösungsmittelmoleküle wie Alkohole und z. T. Ketone die Ionenladung sehr stark ab und desaktivieren dadurch den Initiator. Zur Bildung eines Monomerions benötigt man aber eine viel niedrigere Aktivierungsenergie als zur Bildung eines Radikals. Ionische Polymerisationen laufen daher auch oft schon bei sehr niedrigen Temperaturen sehr schnell ab und liefern dann Stoffe mit sehr hohem Polymerisationsgrad. Die ionische Kettenreaktion kann auch nicht so leicht abgebrochen werden wie die radikalische, weil gleichsinnig geladene Kettenenden nicht durch Rekombination oder Disproportionierung reagieren können. Das wachsende Kettenende kann nur durch einen Initiator mit geringer Dissoziationstendenz oder durch einen zugesetzten oder im Reaktionsgemisch als Verunreinigung vorhandenen Inhibitor desaktiviert werden.

3.1.2.1. Kationische Polymerisation

Als Auslöser für die kationische Polymerisation kommen im wesentlichen drei Arten elektrophiler Verbindungen in Frage:

1. Protonensäuren,
2. Lewis-Säuren und Friedel-Crafts-Katalysatoren
   (BF_3, $AlCl_3$, $TiCl_4$, $SnCl_4$)
3. Salze mit Carboniumionen $K^+ A^-$

K^+:

oder

, A^-: ClO_4^-, $SbCl_6^-$, PF_6^-.

Lewis-Säuren und Carboniumsalze wirken am stärksten in Gegenwart eines Protonendonators, so daß angenommen werden kann, daß das Proton der eigentliche Initiator ist.

z. B.

$$BF_3 + H_2O \rightarrow BF_3OH^- H^+.$$

Co-Initiator

Bei Vinylverbindungen erfolgt der Start durch Addition eines Protons an die Doppelbindung; die positive Ladung wird mit Hilfe der Substituenten stabilisiert.

$$H^+ A^- + CH_2 = \underset{\underset{R_2}{|}}{\overset{\overset{R_1}{|}}{C}} \rightarrow CH_3 - \underset{\underset{R_2}{|}}{\overset{\overset{R_1}{|}}{C^+}} A^-.$$

Die einmal gestartete Kette wächst in analoger Weise weiter

$$CH_2-\underset{\underset{R_2}{|}}{\overset{\overset{R_1}{|}}{C}}{}^+A^- + CH_2=C\overset{R_1}{\underset{R_2}{}} \rightarrow CH_2-\underset{\underset{R_2}{|}}{\overset{\overset{R_1}{|}}{C}}-CH_2-\underset{\underset{R_2}{|}}{\overset{\overset{R_1}{|}}{C}}{}^+A^-.$$

Das Wachstum ist dabei um so schneller, je saurer der Initiator ist, d. h. in dem Maße, in dem die Ionen echt dissoziieren.

Man kann dabei verschiedene Grade der elektrolytischen Dissoziation unterscheiden.

| kovalent | Kontakt- | Solvat- | isolierte |
| gebunden | ionenpaar | ionenpaar | Ionen |

Aus diesem Schema wird auch die Wirkung des Lösungsmittels auf die Lage der Dissoziationsgleichgewichte ersichtlich. Die Reaktionsgeschwindigkeit steigt im selben Ausmaß, in dem die Ionen getrennt werden. Oft ist aber der regulierende Einfluß der Gegenionen erwünscht.

Für die Abbruchreaktion bei der kationischen Polymerisation werden mehrere Möglichkeiten in Erwägung gezogen:

1. Abbruch durch Eliminierung

$$\sim\sim CH_2-\underset{\underset{R_2}{|}}{\overset{\overset{R_1}{|}}{C}}{}^+A^- \rightarrow \sim\sim CH=C\overset{R_1}{\underset{R_2}{}} + H^+A^-.$$

2. Abbruch durch Übertragung auf ein Monomermolekül

$$\sim\sim CH_2-\underset{\underset{R_2}{|}}{\overset{\overset{R_1}{|}}{C}}{}^+A^- + CH_2=C\overset{R_1}{\underset{R_2}{}} \rightarrow \sim\sim CH=C\overset{R_1}{\underset{R_2}{}} + CH_3-C^+\overset{R_1}{\underset{R_2}{}}.$$

Die Kinetik der kationischen Reaktion ist wegen der Einflüsse der Gegenionen und des Lösungsmittels und des schwierigen Abbruchmechanismus weniger klar als bei der radikalischen Reaktion. Ein Vorzug der kationischen Initiierung liegt darin, daß sie die ringöffnende Polymerisation sauerstoffhaltiger Heterozyklen ermöglicht, wobei Oxoniumionen gebildet werden.

$$\text{(Ring)}_O \xrightarrow{H^+A^-} \text{(Ring)}_{O-H}^{+} A^- \longrightarrow HO-(CH_2)_4-O^+\text{(Ring)} A^-$$

Als Initiatoren werden hierzu vorwiegend Trialkyloxoniumsalze von Lewis-Säuren, wie z. B. $(C_2H_5)_3O^+ BF_4^-$ eingesetzt. Trioxan wird auf diese Weise zu Polyoxymethylen polymerisiert. Zu den säurekatalysierten, ringöffnenden Polymerisationen zählt auch die Polymerisation des Caprolactams zu Perlon.

$$\text{(Ring)}_{NH}^{CO} \xrightarrow{H^+} \text{\textasciitilde\textasciitilde\textasciitilde} CO-(CH_2)_5-NH\text{\textasciitilde\textasciitilde\textasciitilde}.$$

3.1.2.2. Anionische Polymerisation

Als anionische Initiatoren werden neben Alkalimetallen und KNH_2 alkalimetallorganische Verbindungen und *Grignard*-Reagenz verwendet.

Alkalimetalle können direkt ein Elektron auf ein Monomermolekül übertragen, wobei ein Radikalanion entsteht. Die negative Ladung muß dabei durch elektronenanziehende Substituenten stabilisiert werden. Die Elektronenübertragung wird in manchen Fällen durch Cokatalysatoren (z. B. Naphthalin) unterstützt. Dabei entsteht im ersten Schritt ein Radikalanion.

$$Na \;\text{(Naphthalin)} \xrightarrow{\quad} Na^+ \;\text{(Naphthalin)}^{-} \xrightarrow{\quad} CH_2=C\underset{R_2}{\overset{R_1}{<}}$$

$$Na^+\,{}^-\underset{R_2}{\overset{R_1}{\underset{|}{\overset{|}{C}}}}-CH_2\;\;CH_2\underset{R_2}{\overset{R_1}{\underset{|}{\overset{|}{C}}}}{}^-\,Na^+.$$

Es wird angenommen, daß das Radikalanion zu einem Dianion dimerisiert und dann nach beiden Seiten hin weiter Monomereinheiten addiert.

Ein einfacher Startmechanismus liegt bei KNH_2 vor:

$$KNH_2 \rightleftharpoons K^+ + NH_2^-$$

$$NH_2^- + CH_2 = C \underset{R_2}{\overset{R_1}{\big<}} \rightarrow H_2N - CH_2 - C^- \underset{R_2}{\overset{R_1}{\big<}} \quad .$$

Eine anionische aktive Funktion kann an einem Monomeren auch in Form eines Zwitterions, z. B. durch Reaktion mit einem tertiären Amin gebildet werden

$$R_3N\,| + CH_2 = C \underset{R_2}{\overset{R_1}{\big<}} \rightarrow R_3 - \overset{\oplus}{N} - CH_2 - C^{\ominus} \underset{R_2}{\overset{R_1}{\big<}} \quad .$$

Metallorganische Verbindungen können sich direkt an die Doppelbindung anlagern. Die in dem Reaktionsprodukt entstehende metallorganische Bindung ist sehr schwach und kann leicht dissoziieren, weil am C-Atom die Elektronen, besonders mit Hilfe elektronenanziehender Subsituenten, stark delokalisiert werden:

$$RLi + CH_2 = C \underset{R_2}{\overset{R_1}{\big<}} \rightarrow R - CH_2 - \underset{R_2}{\overset{R_1}{C}} - Li \rightarrow R - CH_2 - C^{\ominus} \underset{R_2}{\overset{R_1}{\big<}} \; Li^{\oplus}.$$

Die Kinetik der anionischen Polymerisation ist jener der kationischen Polymerisation vergleichbar. In beiden Fällen spielen auch die Gegenionen und das Lösungsmittel eine wichtige Rolle. Als Abbruchreaktion kommt im wesentlichen nur eine Übertragungsreaktion in Frage (auf ein Monomer-, ein Lösungsmittel- oder ein Inhibitormolekül).

Lebende Polymere

Im Unterschied zu Radikalen sind Ionen unter normalen Bedingungen unbeschränkt beständig. Kommt die ionische Kettenreaktion nicht durch Abbruch, sondern einfach dadurch zum Stillstand, daß das gesamte Monomere aufgebraucht wurde, bleiben die aktiven Zentren am Kettenende erhalten. An solchen Makroionen setzt erneut Kettenwachstum ein, wenn ionisch polymerisierbares Monomeres zugegeben wird. Ein Polymer mit lauter aktiven Kettenenden nennt man „lebendes Polymer". Kontakt mit Inhibitoren bringt die aktiven Zentren zum Verschwinden. Im allgemeinen wird die Reaktion gezielt gestoppt (z. B. durch Zusatz einer kleinen Menge Wasser, Säure, CO_2 oder O_2) und das Polymer dadurch stabilisiert und inaktiviert.

Für den Fall, daß bei der ionischen Polymerisation Übertragungsreaktionen ausgeschaltet werden, erhält man aus jedem Initiatorion ein Makroion. Man spricht daher auch von „stöchiometrischer Polymerisation". Da alle Ketten gleichzeitig und gleich schnell bis zum Verbrauch des Monomeren wachsen, sind auch die Ketten alle (fast) gleich lang. Das Polymere hat eine sehr enge Verteilung des Polymerisationsgrads (annähernd eine sogenannte *Poisson*-Verteilung). Der Polymerisationsgrad ergibt sich aus dem Verhältnis Monomerkonzentration zu Initiatorkonzentration.

$$P = \frac{M}{I}.$$

Bei technischen Polymerisationsbedingungen sind Überträger nie vollständig auszuschließen. Trotzdem erhält man durch anionische Polymerisation Produkte mit einer relativ engen Molmassenverteilung.

Aktive, lebende Polymere eignen sich besonders gut für die Synthese von Blockcopolymeren $P\ (A-b-B) = A_m - B_n$. Dazu stellt man ein lebendes Polymer A_m her und setzt im zweiten Reaktionsschritt Monomer B zu.

3.1.3. Koordinative Polymerisation

(*Ziegler-Natta*-Polymerisation)

Bei der radikalischen Polymerisation hat der Initiator im wesentlichen auslösende Wirkung und spielt bei der Kettenreaktion als solcher keine Rolle. Dagegen bleiben bei der ionischen Polymerisation immer Gegenionen, die ja auch als Bestandteil des startenden Ionenpaares zu betrachten sind, in der Umgebung des wachsenden Endes und können so die Anlagerung des nächsten Monomermoleküls sowohl hinsichtlich seiner räumlichen

Lage als auch bezüglich der Reaktionsgeschwindigkeit beeinflussen. Besonders stark ist der Einfluß des Initiators, wenn dieser am wachsenden Kettenende komplex gebunden bleibt und mit diesem weiter wandert. Da sich bei dieser Art von Poly-

Tabelle 6. Komponenten von *Ziegler-Natta*-Katalysatoren

Metallorganische Komponente	Übergangsmetallkomponente
E–Al(E)–E (E₂AlE)	Cl₄Ti , Br₃Ti
E–Al(E)–Cl	Cl₃Ti , Cl₃V
Cl–Al(Cl)–E	E₃TiCl , Cl₄V
E–Be–E	(BuO)₄Ti
E–Mg–E	(HO)₄Ti , O=VCl₃
Bu–Li	Cl₅Mo , Cl₃Cr
E–Zn–E	Cl₄Zr
E₄Pb	Cu Cl
(PhN)₃Al(NPh₂)... (Ph₂N)₃Al	Cl₆W
(Bu)₄Al Li	Ni O

E: Ethyl-, Bu: Butyl-, Ph: Phenyl-.

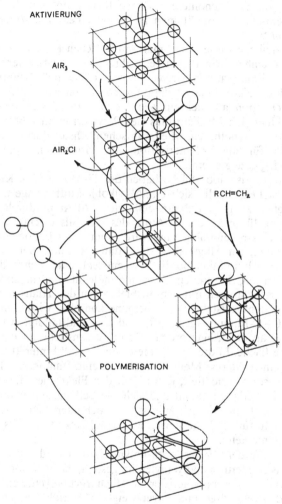

AKTIVIERUNG

AIR₃

AIR₂Cl

RCH=CH₂

POLYMERISATION

Abb. 10. Wahrscheinlicher Mechanismus der *Ziegler-Natta*-Polymerisation von Propylen an TiCl$_3$ mit Al(C$_2$H$_5$)$_3$.

merisation das Monomere zwischen Katalysator und Molekülkette einschiebt, spricht man auch von einer „*Poly-Insertionsreaktion*".

Erstaunlicherweise erhält man mit löslichen Katalysatortypen weniger einheitliche Polymere, während gut kristallisierte, unlösliche Katalysatoren streng sterisch einheitliche (taktische) Produkte liefern. Dies ist darauf zurückzuführen, daß hier die Polymerisation auf der gut geordneten Kristalloberfläche abläuft. Über den Mechanismus der Polymerisation gibt es verschiedene Hypothesen, die wahrscheinlichste dürfte die in Abb. 15 für die Polymerisation von Propen an $TiCl_3$ mit $Al(C_2H_5)_3$ gezeigte sein.

An der Kristalloberfläche haben die Ti-Atome freie Koordinationsstellen, an die sich ein Alkylkohlenstoff anlagert, während gleichzeitig das daran gebundene Al-Atom durch seine Elektronenlücke an ein Cl-Atom des Kristalls orientiert wird. Durch Elektronenumlagerung wird dann das Cl-Atom an das Aluminium, ein Alkylrest an das Titan gebunden. Bei Desorption des Aluminiumchlordialkyls entsteht eine Fehlstelle im $TiCl_3$-Kristall, in die ein Monomermolekül eindringen kann, dessen π-Elektronen mit den 3d-Elektronen des Titans überlappen. In dem entstehenden Übergangskomplex wird nun eine neue C–C-Bindung geknüpft, und das endständige C-Atom wandert an die freigewordene Koordinationsstelle an der Kristalloberfläche. In die Lücke, die es im Kristall hinterläßt, kann dann ein weiteres Monomermolekül eindiffundieren. Dabei wird dieses so orientiert, daß es mit den Elektronen des Titans optimal überlappen kann und sich die Seitengruppen und die Polymerkette möglichst wenig sterisch behindern. Dies ist auch der Grund für die hohe sterische Regelmäßigkeit der entstehenden Polymerkette.

Mit Hilfe der *Ziegler-Natta*-Polymerisation wird unter anderem das Niederdruckpolyethylen hergestellt, das im Unterschied zum radikalisch polymerisierten Hochdruckpolyethylen weitgehend regelmäßige und unverzweigte Molekülketten hat und daher auch leicht kristallisiert. Das kristalline Niederdruckpolyethylen zeichnet sich durch einen höheren Erweichungspunkt und bessere mechanische Eigenschaften aus.

Durch die Koordinationspolymerisation lassen sich auch Polymere mit der Regelmäßigkeit biologischer Produkte herstellen. So ist es gelungen, cis-Polyisopren zu synthetisieren, das in seiner Struktur völlig dem Naturkautschuk entspricht.

$$-CH_2 \qquad\quad CH_2-CH_2 \qquad\quad CH_2{}^-$$
$$\diagdown \qquad\qquad \diagup \qquad\quad \diagdown \qquad\qquad \diagup$$
$$C=CH \qquad\qquad C=CH$$
$$\diagup \qquad\qquad\qquad\quad \diagup$$
$$CH_3 \qquad\qquad CH_3$$

Naturkautschuk = cis-Polyisopren

3.2. Stufenreaktionen

3.2.1. Polykondensation

Die Polykondensationsreaktion ist im Unterschied zur Polymerisationsreaktion keine Ketten-, sondern eine Stufenreaktion. Sie geht von mehrfunktionellen Monomermolekülen aus, die jeweils mit mindestens zwei anderen Monomermolekülen reagieren können. Auf diese Weise entstehen aus bifunktionellen Verbindungen schrittweise lineare Oligo- bis Polymere. Mehrfunktionelle Monomere führen zu makromolekularen Netzstrukturen.

Es gibt sehr viele für die Polymersynthese brauchbare Kondensationsreaktionen (Übersicht siehe Tab. 7), von denen die bekanntesten und am häufigsten benutzten Bildung und Umwandlung von Carbonsäurederivaten sind.

Die Kondensationsreaktion besteht in einer Additionsreaktion mit unmittelbar anschließender Eliminierung eines (kleinen) Moleküls, z. B.

$$\sim\!\!\sim\!\!\sim\!\!\sim\!\! \overset{\overset{\displaystyle O}{\|}}{\underset{\underset{\displaystyle OH}{|}}{C}} + CH_2\!\!\sim\!\!\sim \;\rightleftharpoons\; \sim\!\!\sim \left[\overset{\overset{\displaystyle OH}{|}}{\underset{\underset{\displaystyle OH}{|}}{C}}-O \right]\!\!\sim\!\!\sim \;\rightleftharpoons\; \sim\!\!\sim\!\!\sim \overset{\overset{\displaystyle O}{\|}}{C}-O\!\!\sim\!\!\sim\!\!\sim. \\ + \\ H_2O$$

Bei der Austauschreaktion tritt meist nur eine niedrige freie Reaktionsenthalpie auf, daher handelt es sich um ausgeprägte Gleichgewichtsreaktionen mit niedrigen Werten der Gleichgewichtskonstante.

Tabelle 7. Wichtige Typen von Polykondensaten

Funktionelle Gruppe 1	Funktionelle Gruppe 2	Nebenprodukt	Verknüpfung	Polymer-Name	Abkürzung
$-COOH$	$-OH$	H_2O			
(Anhydrid)	$-OH$	H_2O	$-\overset{O}{\underset{\parallel}{C}}-O-$	Polyester	PES
$-CO-OR$	$-OH$	ROH			
$-COOH$	$-NH_2$	H_2O	$-\overset{O}{\underset{\parallel}{C}}-NH-$	Polyamid	PA
$-COCl$	$-NH_2$	HCl			
Phenol	$H_2C=O$	H_2O	(Phenol-Formaldehyd-Struktur)	Phenol-Formaldehyd-Duromer	PF
$H_2N-\overset{O}{\underset{\parallel}{C}}-NH_2$	$H_2C=O$	H_2O	(Harnstoff-Formaldehyd-Struktur)	Harnstoff-Formaldehyd-Harz	UF
(Phenol, OH)	$COCl_2$	HCl	(Carbonat-Struktur)	Polycarbonat	PC

—Cl	NaS$_x$Na	NaCl	—S$_x$—	Polysulfid
—Cl	$\begin{matrix} R_1 \\ R_2 \end{matrix}$N—	RCl	—N— R	Polyamin
—Cl	HO—	HCl	—O—	Polyether
—NH—NH$_2$	ROOC—	ROH	—NH—NH—CO—	Polyhydrazid
HO—Si(R)(R)—	HO—Si(R)(R)—	H$_2$O	—Si—O— (R, R)	Polysiloxan
—R—O—Si(R)(R)—OH	—R—O—Si(R)(R)—OH	H$_2$O	—R—O—Si—O—Si—O—R—	Poly-organosiloxan
(anhydride ring structure)	H$_2$N—	H$_2$O	(imide ring structure)	Polyimid PI
—COOH	—COOH	H$_2$O	—CO—O—CO—	Polyanhydrid
—O—C(=O)—Cl	—NH$_2$	HCl	—O—CO—NH—	Polyurethan PU

45

Um die Ausbeute an Kondensationsprodukt zu erhöhen, muß man das Nebenprodukt aus dem Reaktionsgemisch entfernen, Wasser kann bei höherer Temperatur abdestilliert werden, ebenso bei Umesterungsreaktionen gebildetes Methanol oder Ethanol. Bei Kondensation mit Halogenderivaten (*Schotten-Baumann*-Reaktion) wird Mineralsäure frei, die durch basische Komponenten als Salz gebunden werden kann.

3.2.2. Polyaddition

Wie bei der Polykondensation reagieren bei der Polyaddition mehrfunktionelle Monomermoleküle zu einem Makromolekül, wobei jedoch der Einzelschritt eine Additions- und keine Substitutionsreaktion ist. Bei der Bildung von Polyurethanen werden z. B. die Bindungen durch Addition einer OH-Gruppe an die C=N-Doppelbindung einer Isocyanatgruppe geknüpft

$$\sim\!\!\text{OH} + \text{O}=\text{C}=\text{N}\!\sim \; \rightarrow \; \begin{matrix} \overset{\displaystyle \text{O}}{\diagdown} \overset{\delta^+ \;\; \delta^-}{} \\ \text{C}-\text{N}- \\ \uparrow \quad \downarrow \\ -\overline{\text{O}}-\text{H} \end{matrix} \; \rightarrow \; -\text{O}-\overset{\displaystyle \text{O}}{\overset{\|}{\text{C}}}-\text{NH}-.$$

Zwei Gruppen von Polymeren, die durch Polyaddition synthetisierbar sind, haben technische Bedeutung erlangt. Polyurethane und Polyharnstoffe (siehe Tab. 8). Polyurethane können auch durch Polykondensation von Chlorkohlensäureestern mit Aminen erzeugt werden.

Tabelle 8. Typen von Polyadditionsreaktionen

Funktionelle Gruppe 1	Funktionelle Gruppe 2	Verknüpfung	Polymer-Name	Abkürzung
$-\text{N}=\text{C}=\text{O}$	$-\text{OH}$	$-\text{NH}-\text{CO}-\text{O}-$	Polyharnstoff	
$-\text{N}=\text{C}=\text{O}$	$-\text{NH}_2$	$-\text{NH}-\text{CO}-\text{NH}-$	Polyurethan	PU

3.2.3. Polymerisationsgrad bei Stufenreaktionen

3.2.3.1. Abhängigkeit vom Umsatz

Mit Stufenreaktionen ist es sehr viel schwieriger hohe Polymersationsgrade zu erzielen als mit Kettenreaktionen. Bei einer Kettenreaktion kann ein Monomermolekül nur an dem einen Kettenende reagieren, das Träger der reaktiven Funktion ist, die gesamte Polymerisation spielt sich an relativ wenigen wachsenden Ketten ab. Bei Stufenreaktionen liegen die Verhältnisse ganz anders. Hier kann die Kondensation, stöchiometrisches Konzentrationsverhältnis vorausgesetzt, praktisch gleichzeitig an allen Monomermolekülen beginnen, so daß diese sehr schnell zu sehr vielen kurzkettigen Produkten kondensieren. Das Reaktionsgemisch verarmt dadurch schnell an Monomeren und setzt sich vorwiegend aus Oligomeren zusammen. Die Reaktion kann erst dann weiter laufen, wenn sich passende Enden solcher kurzer Ketten treffen. Die Wahrscheinlichkeit für ein solches Treffen ist sehr viel geringer als bei einer Polymerisationsreaktion, bei der das wachsende Kettenende immer von reaktionsbereiten Monomermolekülen umgeben ist. Bei der Polykondensation sind die Verhältnisse besonders ungünstig, weil noch nicht entferntes Nebenprodukt das Kondensations-Verseifungs-Gleichgewicht zugunsten der Kettenspaltung verschiebt.

Von *Carothers* wurde eine einfache Formel zur Berechnung des durch eine Stufenreaktion erreichbaren Polymerisationsgrades angegeben: Der Polymerisationsgrad P_n (Zahlenmittel) ist gegeben durch die Summe aller P_i dividiert durch die Gesamtzahl der im System befindlichen Poly- und Monomermoleküle. Da jeder Polymerisationsgrad die Summe der im entsprechenden Molekül enthaltenen Grundeinheiten darstellt, ist die Summe von P_i gleich der Gesamtzahl der im System vorhandenen Grundeinheiten (inklusive Monomermoleküle).

$$P_n = \frac{\Sigma P_i}{\Sigma N} = \frac{\text{Zahl aller Grundeinheiten}}{\text{Zahl aller Moleküle}}.$$

Waren ursprünglich N_{AO} funktionelle Gruppen A in unreagierter Form im System, haben nach einer bestimmten Zeit t N davon reagiert und sind in das Polymere eingebaut worden.

Der auf die Molzahl der eingesetzten Monomeren bezogene Umsatz U entspricht dann beim Nylon-Typ

$$U = \frac{N}{\frac{1}{2}(N_{AO} + N_{BO})} = \frac{2N}{N_{AO} + N_{AO}R_{BA}} = \frac{2N}{N_{AO}(1 + R_{BA})}.$$

Darin gibt R_{BA} das Molverhältnis der funktionellen Gruppen $N_{BO}/N_{AO} = R_{BA}$ an (beim Perlontyp A$\sim\sim\sim$B immer gleich 1).

Die Zahl der Moleküle hat sich bei jedem Reaktionsschritt um eins verringert. Zur Zeit t sind also noch $\Sigma N = N_{AO} + N_{BO} \div N = N_{AO}(1 + R_{BA}) - N$ Moleküle vorhanden. Daraus ergibt sich das Zahlenmittel des Polymerisationsgrads zu

$$P_n = \frac{N_{AO}(1 + R_{BA})}{N_{AO}(1 + R_{BA}) - N}.$$

Damit erhält man einen Zusammenhang zwischen Polymerisationsgrad und Umsatz U

$$P_n = \frac{1}{1 - \dfrac{U}{2}}.$$

Für den Perlontyp ist $U = \dfrac{N}{N_{AO}}$, und es ergibt sich

$$P_n = \frac{1}{1 - U}.$$

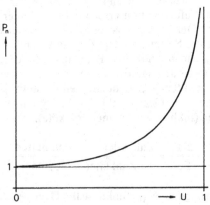

Abb. 11. Abhängigkeit des Polymerisationsgrades vom Reaktionsumsatz bei Stufenreaktionen (P_n: Zahlenmittel des Polymerisationsgrades).

Dieser Zusammenhang wird in Abb. 11 dargestellt. Man sieht, daß bei Stufenreaktionen erst bei sehr hohen Reaktionsumsätzen große Werte des Polymerisationsgrades erreicht werden können.

Da der erreichbare Umsatz vom Monomerenverhältnis abhängt, ist auch der Polymerisationsgrad dadurch beeinflußbar. Dies ist qualitativ leicht zu verstehen, wenn man z. B. die Kondensation eines Diamins mit einer Disäure betrachtet:

Ist das Diamin im Überschuß, bilden sich vorwiegend Kondensationsprodukte, die an beiden Enden eine Aminogruppe haben. Wenn alle Säurefunktionen im Innern eines Moleküls eingebaut sind, finden die endständigen Aminogruppen keine Reaktionspartner mehr, und die Reaktion kommt zum Stillstand. Der erreichbare Polymerisationsgrad errechnet sich in diesem Fall nach:

$$P_n = \frac{1 + R_{BA}}{1 + R_{BA} - 2\,U_B\,R_{BA}}$$

(R_{BA}: Monomerverhältnis N_{BB}/N_{AA}, A: überschüssige Komponente, U_B: Umsatz, bezogen auf die Komponente B).

Abb. 12 zeigt, daß man nur dann einen höheren Polymerisationsgrad erreichen kann, wenn man von einem stöchiometrischen Verhältnis der Monomeren im Reaktionsansatz ausgeht. Wenn andererseits das Produkt kurzkettig sein soll, kann man dies durch Änderung des Monomerenverhältnisses gezielt bewirken.

3.2.3.2. Verteilungsbreite des Polymerisationsgrads

Durch Abzählen der Gruppen, die in einer Polyreaktion reagiert haben, läßt sich, wie gezeigt, ein Mittelwert des Polymerisationsgrads − in diesem Fall der Zahlenmittelwert P_n − gewinnen. Dieser sagt aber allein nichts über die Verteilungsbreite der Kettenlängen aus.

Die Verteilungsfunktion, die man durch eine lineare Stufenreaktion erhält, kann man aus statistischen Überlegungen ableiten. Dazu berechnet man die Wahrscheinlichkeit, daß aus P Monomermolekülen (bzw. Monomerenpaaren beim Nylon-Typ) ein Makromolekül mit P Grundeinheiten gebildet wird. Dazu müssen P−1 funktionelle Gruppen A reagieren. Die Wahrscheinlichkeit, daß von U reagierten funktionellen Gruppen (U = mo-

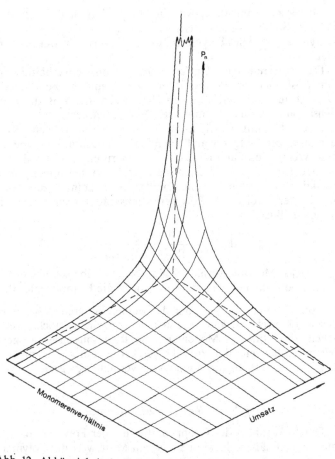

Abb. 12. Abhängigkeit des Polymerisationsgrades vom Reaktionsumsatz und dem Monomerenverhältnis bei der Kondensation von Monomeren des Typs A—A und B—B.

larer Umsatz) $P-1$ in einer Molekülkette liegen, ist U^{P-1}. Gleichzeitig muß das Molekül noch eine nicht reagierte Endgruppe haben, deren Auftreten die Wahrscheinlichkeit $1-U$ hat (der Anteil U der funktionellen Gruppen hat ja schon reagiert). Da für das betrachtete Molekül beide Bedingungen erfüllt sein

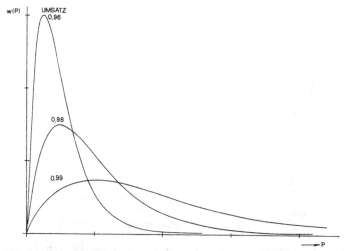

Abb. 13. Abhängigkeit der Massenverteilung des Polymerisationsgrades vom Umsatz bei Polykondensationsreaktionen.

müssen, gilt für die Wahrscheinlichkeit seines Auftretens W_P

$$W_P = (1 - U) \, U^{P-1}$$

W_P ist zugleich die relative Häufigkeit N_P/N (N_P Zahl der Moleküle mit dem Polymerisationsgrad P, N Zahl aller vorhandenen Moleküle).

Bezieht man die Zahl N_P auf die Zahl der eingesetzten Monomermoleküle N_0, erhält man unter Verwendung der Beziehungen $P_n = N_0/N$ und $P_n = 1 \, (1 - U)$

$$N_P = N_0 \, (1 - U)^2 \, U^{P-1}$$

Wir erhalten also für die Zahlenhäufigkeit N_P/N

$$\frac{N_P}{N} = (1 - U)^2 \, U^{P-1}$$

und für die Gewichtsanteile ergibt sich mit $W_P = P N_P / N_0$

$$W_P = P(1 - U)^2 \, U^{P-1}$$

Die Abb. 14 zeigt die Häufigkeits-, die Abb. 13 die Massenverteilung eines durch Stufenreaktionen gewonnenen Polymeren in

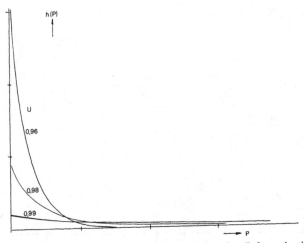

Abb. 14. Abhängigkeit der Häufigkeitsverteilung des Polymerisationsgrades vom Umsatz bei Polykondensationsreaktionen.

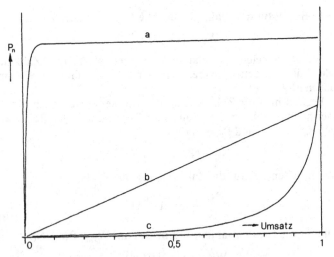

Abb. 15. Abhängigkeit des mittleren Polymerisationsgrades vom Umsatz a) normale Polymerisation (geringe Mengen an Initiator), b) lebende Polymerisation (große Mengen an Initiator), c) Polykondensation.

Abhängigkeit von Molumsatz U. Man sieht, daß die Monomeren normalerweise die häufigste Molekülsorte sind und man zu sehr hohen Umsätzen polymerisieren muß, um einen nennenswerten Anteil an sehr großen Molekülen zu erhalten.

Man sieht auch, daß der mittlere Polymerisationsgrad im Verlauf der Reaktion ständig ansteigt. Im Gegensatz dazu ereicht man bei Kettenreaktionen sehr schnell sehr lange Molekülketten, deren Polymerisationsgrad aber auch für den Fall, daß genügend Monomeres zur Verfügung steht, einen stationären Wert annimmt (Abb. 15). Diesen „Endpolymerisationsgrad" kann man als Folge eines Polymerisations-Depolymerisationsgleichgewichts ansehen. Mit steigender Kettenlänge nimmt auch die Wahrscheinlichkeit eines Kettenbruchs zu, so daß die Depolymerisationsreaktion immer stärker zum Tragen kommt. Je heftiger die thermische Bewegung der Molekülketten ist, desto häufiger werden lange Ketten zerreißen. Daher sinkt auch der erreichbare Polymerisationsgrad mit der Temperatur. Oberhalb einer bestimmten Temperatur ist überhaupt keine Brutto-Poloerisation möglich, weil die Depolymerisationstendenz überwiegt. Diese charakteristische Temperatur nennt man „Ceiling-Temperatur".

3.2.4. Polyreaktion mehrfunktioneller Polymerer

Verwendet man Monomere, die nicht nur zwei, sondern mehrere funktionelle Gruppen tragen, erhöht sich die Wahrscheinlichkeit der Bildung großer Moleküle wesentlich. Es entstehen dann allerdings verzweigte, bei fortgeschrittener Reaktion vernetzte Moleküle.

Will man in einem solchen System den erreichbaren Polymerisationsgrad berechnen, muß man die „Funktionalität f" des Systems, worunter man die mittlere Zahl der funktionellen Gruppen pro Monomermolekül versteht, berücksichtigen. Für den Umsatz gilt dann

$$U = \frac{2 (N_0 - N)}{N_0 f} .$$

Daraus kann man das Zahlenmittel des Polymerisationsgrads berechnen. Es ergibt sich

$$P_n = \frac{2}{2 - U f} .$$

Für ein einfaches bifunktionales System (f = 2) geht die Formel über in die schon angegebene Form der *Carothers*-Gleichung $P_n = 1 (1 - U)$.

Der Anstieg von P_n in einem mehrfunktionellen System entspricht prinzipiell dem eines bifunktionellen Systems, wie in Abb. 11 gezeigt, statt dem Umsatz U muß jedoch U f als Abszissenwert gewählt werden. Für $U \cdot f = 1$ wird $P_n = \infty$. Unter diesen Bedingungen sind theoretisch alle Monomermoleküle in ein einziges durchvernetztes Makromolekül (Gel) eingebaut. Dieser Punkt wird als „*Gelpunkt*" bezeichnet. Die Viskosität des Systems steigt in der letzten Phase der Vernetzung drastisch an. Das durchvernetzte Gel kann überhaupt nicht mehr fließen und es kann nur bis zu einer gewissen Grenze zerstörungsfrei deformiert werden.

Ein vollständig vernetztes Polymeres ist daher auch nicht mehr schmelzbar, man nennt solche Polymere auch „*Duromere*" (Duroplaste). Diese Gruppe von Polymeren ist technisch sehr wichtig, sie verlangt aber eine besondere Technologie, weil sich diese Stoffe in ihrer fertigen Form weder schmelzen noch lösen lassen und daher nicht gegossen, extrudiert, gestrichen oder gesponnen werden können. Die aus diesen Stoffen herzustellenden Gegenstände werden daher aus einer Vorstufe des Polymeren („Präpolymer") geformt und in ihrer Endform auspolymerisiert. Zu den Duroplasten gehören die *Phenol-Formaldehyd-Harze*, bei denen Phenol (kann in der para- und den zwei ortho-Stellungen reagieren und ist daher trifunktionell) mit dem bifunktionellen Formaldehyd reagiert.

Im ersten Reaktionsschritt wird Formaldehyd an Phenol unter Bildung von Methylolphenolen addiert.

Im alkalischen Milieu und unter Formaldehydüberschuß kondensieren die Zwischenprodukte in der Hitze zum Duromeren

Die fertig auskondensierten Harze haben hohe Festigkeiten, auch wenn sie größere Mengen Füllstoff enthalten, die Phenoplaste sind allerdings dunkel (braun) gefärbt, was ihre Anwendbarkeit für manche Gebrauchszwecke beeinträchtigt.

Zu den Gruppen der Duromeren gehören auch *Harnstoff-Formaldehyd-* und *Melaminharze*.

Harnstoff-Formaldehyd-Harze

Harnstoff   Methyloylharnstoff

Melamin

Die Methyloylverbindungen kondensieren im alkalischen Milieu bei erhöhter Temperatur.

In gleicher Weise wie Harnstoff- und Phenol-Formaldehydharze werden auch bestimmte Epoxidharze über Präpolymere verarbeitet.

3.3. Copolymerisation

Verwendet man zur Herstellung von Polymeren unterschiedliche Monomere, werden diese mehr oder weniger in die entstehenden Makromoleküle eingebaut. Die Eigenschaften der daraus gebildeten Copolymeren setzen sich meist nicht einfach additiv aus den Anteilen der eingebauten Komponenten zusammen, sondern können von den Eigenschaften der beteiligten Komponenten erheblich abweichen.

Während man durch Copolymerisation Polymere mit neuen interessanten Verwendungsmöglichkeiten herstellen kann, erhält man durch einfaches Mischen verschiedener Homopolymerer

55

(mit jeweils einer einzigen Sorte von Grundbausteinen) häufig weniger günstige Resultate. In Polymermischungen *(Poly-blends)* liegen oft größere Agglomerationen gleichartiger Moleküle vor, an deren Grenzflächen leicht zerstörbare Schwachstellen liegen.

3.3.1. Copolymerisationsgleichung für die radikalische Polymerisation

Sind in einem Polymerisationsansatz zwei verschiedene Monomere M_A und M_B enthalten, so können diese beiden mit dem Initiator reagieren, wodurch zwei verschiedene Wachstumsradikale $IM_A \cdot$ und $IM_B \cdot$ entstehen. Für die Wachstumsreaktion gibt es dann vier Möglichkeiten, die jeweils mit einer bestimmten Reaktionsgeschwindigkeit ablaufen.

$$I \quad \sim\!\!\sim\! M_A \cdot + M_A \overset{k_{AA}}{\to} \sim\!\!\sim\!\!\sim\! M_A \cdot \quad v_{AA} = k_{AA} \cdot [\sim\!\!\sim\! M_A \cdot]\,[M_A]$$

$$II \quad \sim\!\!\sim\! M_A \cdot + M_B \overset{k_{AB}}{\to} \sim\!\!\sim\!\!\sim\! M_B \cdot \quad v_{AB} = k_{AB} \cdot [\sim\!\!\sim\! M_A \cdot]\,[M_B]$$

$$III \quad \sim\!\!\sim\! M_B \cdot + M_A \overset{k_{BA}}{\to} \sim\!\!\sim\!\!\sim\! M_A \cdot \quad v_{BA} = k_{BA} \cdot [\sim\!\!\sim\! M_B \cdot]\,[M_A]$$

$$IV \quad \sim\!\!\sim\! M_B \cdot + M_B \overset{k_{BB}}{\to} \sim\!\!\sim\!\!\sim\! M_B \cdot \quad v_{BB} = k_{BB} \cdot [\sim\!\!\sim\! M_B \cdot]\,[M_B]$$

v_{ij} gibt die Geschwindigkeit des Wachstumsschrittes an, k_{AA} und k_{BB} sind die Geschwindigkeitskonstanten für den Homopolymerisationsschritt, k_{AB} und k_{BA} bestimmen die Heteropolymerisationsschritte. Zur Beschreibung der Copolymerisationstendenz gibt man meistens die sogenannten *Copolymerisationsparameter r* an, die festlegen, wie stark der Homopolymerisationsschritt gegenüber dem Heteropolymerisationsschritt bevorzugt ist:

$$r_A = \frac{k_{AA}}{k_{AB}}, \quad r_B = \frac{k_{BB}}{k_{BA}}$$

Für die Ableitung einer Beziehung, die angibt, welche Zusammensetzung das Copolymer haben wird, das aus einem Monomerengemisch bestimmter Zusammensetzung entsteht, nimmt man in erster Näherung an, daß die Geschwindigkeitskonstanten unabhängig von der Art des vorletzten Kettengliedes und der Kettenlänge sind.

Das Monomere A wird durch die Reaktionen I und III verbraucht. Seine Konzentration nimmt mit der Geschwindigkeit $d\,[M_A]/dt$ ab.

$$-\frac{d\,[M_A]}{dt} = k_{AA}\,[\mathord{\sim\!\!\sim} M_A\cdot]\,[M_A] + k_{BA}\,[\mathord{\sim\!\!\sim} M_B\cdot]\,[M_A]\,.$$

Entsprechendes gilt für die Abnahme von B

$$-\frac{d\,[M_B]}{dt} = k_{BB}\,[\mathord{\sim\!\!\sim} M_B\cdot]\,[M_B] + k_{AB}\,[\mathord{\sim\!\!\sim} M_A\cdot]\,[M_B]\,.$$

In der stationären Wachstumsphase bleibt die Konzentration an Radikalen konstant, es gibt hier nur Polyradikale $\mathord{\sim\!\!\sim} M_A\cdot$ und $\mathord{\sim\!\!\sim} M_B\cdot$. Durch die Reaktionen II und III wird das Konzentrationsverhältnis von Polyradikalen $[\mathord{\sim\!\!\sim} M_A\cdot]/[\mathord{\sim\!\!\sim} M_B\cdot]$ verändert. Die Gesamtkonzentration an Radikalen kann aber nur konstant bleiben, wenn $[\mathord{\sim\!\!\sim} M_B\cdot]$ mit derselben Geschwindigkeit zunimmt, mit der $[\mathord{\sim\!\!\sim} M_A\cdot]$ kleiner wird. Aus dieser Überlegung folgt die sogenannte Stationaritätsbedingung

$$k_{BA}\,[\mathord{\sim\!\!\sim} M_B\cdot]\,[M_A] = k_{AB}\,[\mathord{\sim\!\!\sim} M_A\cdot]\,[M_B]\,.$$

Faßt man die drei Gleichungen zusammen, erhält man unter Verwendung der Copolymerisationsparameter die von *Mayo* und *Lewis* angegebene Copolymerisationsgleichung für binäre Systeme:

$$\frac{d\,[M_1]}{d\,[M_2]} = \frac{r_A\,\dfrac{M_A}{M_B} + 1}{r_B\,\dfrac{M_B}{M_A} + 1} = \frac{M_A}{M_B}\cdot\frac{r_A\,M_A + M_B}{r_B\,M_B + M_A}\,.$$

Diese Gleichung gibt die Änderung des Monomerverhältnisses bei der Copolymerisation als Funktion der Reaktivität der Monomeren (r_A und r_B) und der Zusammensetzung des Reaktionsgemisches an.

Mit Hilfe dieses Zusammenhangs kann man die Copolymerisationsparameter für alle interessierenden Monomerenpaare durch praktische Messung der Veränderung des Konzentrationsverhältnisses im Verlauf der Copolymerisation bestimmen.

Einige praktisch gefundene Werte werden in Tab. 9 angegeben.

Tabelle 9. Copolymerisationsparameter verschiedener Monomerer (60 °C)

Monomer A		Acrylamid	Acrylnitril	Methylacrylat	Methyl-methacrylat	Vinylacetat	Vinylchlorid	Styrol	Eth(yl)en	Prop(yl)en	Butadien
Acrylamid	r_A	—	1,3	1,3	0,8	—	—	0,6	—	—	—
	r_B	—	0,8	0,05	2,6	—	—	1,3	—	—	—
Acrilnitril	r_A	0,8	—	1,33	0,13	4,05	3,28	0,04	7,0 [20]	0,8	0,25
	r_B	1,3	—	0,81	1,16	0,06	0,02	0,41	0 [20]	0,1	0,33
Methyl-acrylat	r_A	0,05	0,95	—	0,25	—	5,0	0,13	11 [150]	—	0,05 [5]
	r_B	1,3	1,4	—	3,22	—	0	0,90	0,2 [150]	—	0,76 [5]
Methyl-methacrylat	r_A	2,55	1,18	1,69	—	22,3	12,5	0,55	17 [150]	—	0,06 [5]
	r_B	0,82	0,14	0,34	—	0,07	0	0,52	0,2 [150]	—	0,53 [5]

Vinylacetat r_A	—	0,01	0,01	0,015	—	0,25	0,01	1,0	—	—
r_B	—	3,9	4,55	20	—	1,80	56	0,45	—	—
Vinylchlorid r_A	0 [40]	0,02	0	0	0,01	—	0	0,09	0,04	0,04
r_B	19,6 [40]	3,28	5,0	12,5	0,6	—	17	1,2	2,4	8,8
Styrol r_A	1,13	0,41	0,70	0,48	58,0	17,0	—	—	0,12	0,78
r_B	0,59	0,04	0,15	0,49	0,01	0,02	—	—	7,7	1,39
Eth(yl)en r_A	—	0 [20]	0,2 [150]	0,2 [150]	0,16	0,16	—	—	4,7	—
r_B	—	7,0 [20]	11 [150]	17 [150]	1,13	1,85	—	—	0,21	—
Prop(yl)en r_A	—	1,62	—	—	—	0,09	—	0,013	—	—
r_B	—	0,50	—	—	—	2,45	—	76	—	—
Butadien r_A	—	0,34	0,76 [5]	0,70	—	8,8	1,39	—	—	—
r_B	—	0,25	0,05 [5]	0,32	—	0,04	0,78	—	—	—

abweichende Temperatur angegeben ( )

Trägt man die Zusammensetzung des entstehenden Monomeren gegen die Zusammensetzung der Monomerenmischung auf, erhält man ein sogenanntes *Copolymerisationsdiagramm*.

In Abb. 16 werden in einem Copolymerisationsdiagramm Typen des zu erwartenden Copolymerisationsverhaltens beschrieben.

Die Kurve a (Diagonale) wird in dem — allerdings seltenen — Fall erhalten, daß für beide wachsende Polymerradikale gegenüber beiden Monomeren gleiche Reaktivität vorliegt, daß also keine Monomerart bevorzugt wird ($r_A = r_B = 1$). In diesem Fall wird A stets mit gleicher Wahrscheinlichkeit in die Kette eingebaut wie B. Die Aufeinanderfolge der Grundeinheiten hängt nur vom Zufall ab. Alle Moleküle haben im Mittel dieselbe Zusammensetzung. Ein solches Polymer heißt *rein statistisches Polymer*. Durch die Polymerisation verarmt auch bei der statistischen Polymerisation der Reaktionsansatz weder an der einen noch an der anderen Komponente, er hat also während der gesamten Polymerisation konstante Zusammensetzung. Insofern verhält sich das System wie eine ideale Flüssigkeitsmischung gegenüber Destillation. Man bezeichnet daher eine solche Polymerisation auch als *„ideale Polymerisation"*, auch dann, wenn nicht $r_A = r_B = 1$ gilt, sondern nur $r_A \cdot r_B = 1$. Das Produkt $r_A \cdot r_B$ gibt ja insgesamt die Tendenz zur Homopolymerisation gegenüber der Heteropolymerisation an, bei $r_A \cdot r_B = 1$ überwiegt keine der beiden Tendenzen. Für alle idealen Polymerisationen erhält man im Copolymerisationsdiagramm eine Funktion ohne Wendepunkt.

Die Kurve d in Abb. 16 entspricht einem System, in dem A bevorzugt polymerisiert $r_A > 1$ ($r_A \cdot r_B = 1$), die Kurve e gilt für ein System mit bevorzugtem Einbau von B ($r_A < 1$, $r_A \cdot r_B = 1$).

Ist die Anlagerung eines Fremdbausteins bevorzugt, erhält man eine Kurve mit Wendepunkt (Kurve c in Abb. 16), die in einem bestimmten Punkt C die Funktion für rein statistische Polymerisation schneidet. An diesem Punkt der Kurve — aber nur an diesem — benimmt sich das System wie ein ideales, Polymer- und Monomerzusammensetzung sind identisch und die Monomerzusammensetzung bleibt während der ganzen Reaktion konstant. In Analogie zu konstant siedenden Gemischen nennt man diesen Punkt *„azeotroper Punkt"*. Solche S-förmige Funktionen werden erhalten, wenn die Tendenz zur Heteropolymerisation überwiegt ($r_A \cdot r_B < 1$). Im Extremfall wird über-

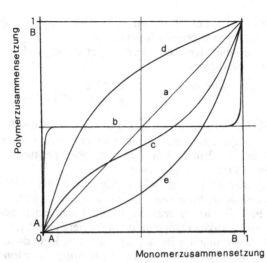

Abb. 16. Copolymerisationsdiagramm für verschiedene Typen von Copolymerisationen; a: rein statistisch, b: alternierend, c: mit Azeotrop, d, e: ideal.

haupt nur ein vom wachsenden Ende verschiedenes Monomermolekül reagieren ($r_A = r_B = 0$). Dadurch müssen sich im Makromolekül die Monomereinheiten abwechseln, und man erhält ein „*alternierendes Copolymer*", das unabhängig von der Monomerzusammensetzung die Zusammensetzung A : B = 1 : 1 ($W_A = W_B = 0{,}5$) (Kurve b in Abb. 16).

Abhängigkeit des Copolymerisationsverhaltens
von der Monomerstruktur

Die Polymerisationstendenz einzelner Monomere ist zumeist sehr unterschiedlich. Zur Erklärung dessen muß man die Reaktivität der beteiligten Reaktionspartner betrachten

$$\sim\!\!\sim CH_2 - \underset{R}{CH} \cdot + CH_2 = \underset{R}{CH} \rightarrow \sim\!\!\sim CH_2 - \underset{R}{CH} - CH_2 - \underset{R}{CH} \cdot$$

reaktives   reaktive
Radikal   Doppelbindung

Bei der radikalischen Polymerisation von Vinylverbindungen reagiert die Doppelbindung um so besser, je stärker das entstehende Radikal durch Resonanz stabilisiert wird. Konjugierte Doppelbindungen wirken in diesem Sinn.

Die Reaktivität der Monomeren steigt daher in der Reihenfolge der Substituenten

$$-OCOCH_3 < \text{Aliphaten} < Cl < -COOR$$
$$< -CN < -COCH_3 < -CH=CH_2 < $$

Umgekehrt verhält es sich mit der Reaktivität der Radikale. Bei Homopolymerisationen ist aber letztere von größerem Einfluß, so daß das Vinylacetat unter den oben genannten Monomeren am schnellsten polymerisiert.

Daraus wird auch verständlich, daß stark unterschiedlich resonanzstabilisierte Monomere kaum copolymerisieren, weil in diesem Fall das wenig reaktive Radikal der einen Sorte mit einer wenig reaktiven Doppelbindung reagieren müßte.

Eine Erschwerung der Homopolymerisation kann dann auftreten, wenn die polymerisierbare Doppelbindung des Monomeren durch elektronenanziehende oder -abstoßende Substituenten eine positive oder negative Überschußladung erhält. Die gleichnamig geladenen Zentren können sich nicht einander nähern und polymerisieren daher nicht. Dies ist z. B. bei Maleinsäureanhydrid der Fall, es wird jedoch an ein Styrolkettenende bevorzugt gebunden. Das System Maleinsäureanhydrid/Styrol liefert daher alternierende Polymere.

Das Q-e-Schema

Zur Erklärung des Copolymerisationsverhaltens hat man ein semiempirisches Schema aufgestellt, das sowohl die Resonanzstabilisierung als auch die Elektronegativität berücksichtigt. Dem Monomeren wird ein Resonanzterm Q und eine Elektronegativitätsterm e zugeordnet. Man bezieht alle Reaktivitäten auf Styrol, für das willkürlich die Werte $Q = 1$ und $e = -0{,}8$ festgesetzt wurden. Für die Copolymerisationsparameter wurden folgende Zusammenhänge mit Q und e abgeleitet

$$r_A = \frac{Q_A}{Q_B} \exp\left\{-e_A\left(e_A - e_B\right)\right\}$$

$$r_B = \frac{Q_B}{Q_A} \exp\left\{-e_B\left(e_B - e_A\right)\right\}, \quad \text{daraus folgt}$$

$$r_A \cdot r_B = \exp\left\{-\left(e_A - e_B\right)^2\right\}.$$

In Tab. 10 sind die Q- und e-Werte für einige Monomere angeführt. Man sieht, daß die stärker resonanzstabilisierten Monomere Q-Werte über 0,5 haben. Die Werte sind für sehr viele Monomere tabelliert und können dazu benutzt werden, näherungsweise die zu erwartenden Copolymerisationsparameter für ein bestimmtes Monomerenpaar vorauszuberechnen.

Tabelle 10. Q- und e-Werte für einige Monomere

Monomeres	Q	e
Styrol (Bezugssubstanz)	1,0	− 0,8
Acrylamid	1,12	+ 1,9
Acrylnitril	0,60	+ 1,20
Methylmethacrylat	0,74	+ 0,40
Ethen/Äthylen	0,015	− 0,200
Propen	0,002	− 0,780
1,3-Butadien	2,39	− 1,05
Maleinsäureanhydrid	0,23	+ 2,25
Vinylacetat	0,026	− 0,25
Vinylchlorid	0,044	0,20

Ionische Copolymerisation

Bei der ionischen Copolymerisation liegen die Verhältnisse etwas komplizierter als bei der radikalischen Reaktion, vor allem, weil die Gegenionen und der Lösungsmitteleinfluß berücksichtigt werden müssen. Im wesentlichen gilt aber, daß die Reaktionsfähigkeit der Anionen um so größer ist, je nukleophiler sie sind, die Reaktivität der Kationen steigt mit ihrer Elektrophilie. Ein qualitatives Maß für Elektro- bzw. Nukleophilie stellt der e-Wert dar, der um so positiver wird, je elektrophiler ein Monomeres bzw. dessen Ion ist.

Monomere stark unterschiedlicher Reaktivität copolymerisieren fast nicht. Es wird immer zuerst fast ausschließlich das reaktivere Monomere eingebaut und erst, wenn dieses weitgehend aufgebraucht ist, polymerisiert das weniger reaktive Monomere an. Auf diese Weise entstehen Blockcopolymere bzw. Copolymere mit sehr langen Sequenzen gleichartiger Grundeinheiten (Blöcke).

4. Reaktionen an Polymeren

Wie niedermolekulare Verbindungen sind natürlich auch Polymere chemischen Reaktionen zugänglich. Solche Reaktionen am fertigen Polymeren werden aus verschiedenen Gründen gemacht:

1. Herstellung von sogenannten „halbsynthetischen Polymeren", worunter man Derivate von Biopolymeren versteht, vorwiegend von Cellulose, Stärke und Casein.
2. Modifizierung von Biopolymeren zur Verbesserung der Löslichkeit, Haftfähigkeit und der Viskositätseigenschaften (häufig durch Oxidation, Veresterung, oxidativen oder hydrolytischen Teilabbau).
3. Herstellung von Polymeren, die sich nicht durch direkte Polymerisation gewinnen lassen. Polyvinylalkohol wird durch Verseifung der Estergruppen des Polyvinylacetats gewonnen, weil es einen monomeren Vinylalkohol nicht gibt ($CH_2 = CH - OH \rightarrow CH_3CHO$).

4.1. Abbaureaktionen

Polymerketten können durch Lösen der Kettenhauptvalenzbindungen abgebaut werden. Der Angriff kann dabei an irgendeiner Bindung im Innern der Kette (statistischer Abbau) oder er kann schrittweise vom Start- oder Abbruchsende her erfolgen. Immer wenn die Reaktivität der endständigen Grundeinheit deutlich überwiegt, wird nur Monomeres abgespalten, und die Abbaureaktion läuft in Form einer *Reißverschlußreaktion* ab. Eine solche Reaktion ist die eigentliche Umkehrung der Wachstumsreaktion bei der Polymerisation. Mit Ausnahme von enzymatischen Abbaureaktionen an Biopolymeren ist der Abbau vom Ende her selten. Zu den wenigen Systemen, bei denen diese Art von Abbau gesichert ist, gehören Poly(α-methylstyrol), Polymethylmethacrylat, Polyformaldehyd und Polycaprolactam. In diesen Fällen ist die Polymerisationsreaktion so reversibel, daß beim Erhitzen des Polymeren wieder fast ausschließlich Monomeres abgespalten wird.

In den meisten Fällen werden die Molekülketten durch Angriff im Innenteil in mehrere größere Bruchstücke gespalten.

Dazu gehören der mechanische, thermische, photochemische, oxidative und der hydrolytische Abbau.

Unter starker Wärmeeinwirkung werden sowohl Kettenbindungen thermolytisch gespalten als auch häufig Seitengruppen eliminiert. Es kommt zur Abspaltung niedermolekularer Produkte und zu Sekundärreaktionen im Restpolymeren, wie Vernetzung, Bildung von Chromophoren und dadurch Dunkelfärbung. Schließlich verkohlen bei längerer thermischer Behandlung die meisten organischen Polymeren.

Auch Licht kann Abbau bewirken. Damit aber Lichtquanten photochemisch wirksam werden können, müssen sie zuerst durch geeignete chromophore Gruppen absorbiert werden. Solche Gruppen wirken als *Sensibilisatoren,* die die Lichtenergie aufnehmen und auf die reaktive Stelle übertragen. Nicht nur Gruppen des Polymeren, sondern auch Beimengungen, Füllstoffe, Farbstoffe und Verunreinigungen können als Sensibilisatoren wirken. Die photochemische Empfindlichkeit der meisten Polymeren ist aber gering, wenn nicht gleichzeitig auch Luft oder Feuchtigkeit vorhanden sind. Unter dem Einfluß der Atmosphäre kann es leicht zu einer photochemisch angeregten Oxidation oder Hydrolyse kommen.

Oxidation, Photooxidation und Hydrolyse sind die wichtigsten Alterungsvorgänge in Polymeren. Dabei verschlechtern sich durch Kettenspaltungen und Sekundärreaktionen die mechanischen, optischen und dielektrischen Eigenschaften. Die meisten dieser Reaktionen finden aber nicht an der fehlerfrei ausgebildeten Polymerkette statt, sondern beginnen an strukturellen oder chemischen Fehlstellen. Höhere Temperaturen oder mechanische Beanspruchung beschleunigen die Alterung.

Normalerweise ist man daran interessiert, daß die Werkstoffe möglichst alterungsstabil sind. Als *Stabilisatoren* werden Antioxidantien, Lichtschutzverbindungen und hydrophobe Komponenten eingesetzt.

In speziellen Fällen ist es andererseits erwünscht, daß sich das Polymere unter dem Einfluß der Atmosphärilien Luft, Licht und Wasser zersetzt. Kurzzeitverpackungsmaterialien und Wegwerfartikel sollen aus Gründen des Umweltschutzes im Freien verrotten. Zu diesem Zweck kann man Photosensibilisatoren zusetzen oder labile Stellen in die Makromoleküle einbauen.

Durch starke Scherung von Polymerschmelzen oder konzentrierten Lösungen auf Walzenstühlen, an Förderschnecken oder in Düsen kann es zu erheblichem *mechanischem Abbau* von Molekülketten kommen, der um so gravierender ist, je länger die Makromoleküle ursprünglich waren. Dadurch kann man durch thermomechanischen Abbau einen ziemlich konstanten Endpolymerisationsgrad erreichen. Um ein vernetztes Polymer wie Gummi verarbeiten zu können, müssen zuerst Netzbrücken zerrissen werden. Dies geschieht bei der *Mastizierung,* bei der das Gummimaterial auf einem Walzenstuhl solange geschert wird, bis es die erwünschten Fließeigenschaften aufweist. Durch die intensive Scherung erhitzt sich das Material auch stark, so daß neben der mechanischen auch immer gleichzeitig thermische Schädigung wirksam wird.

Tabelle 11. Einige technisch wichtige Typen polymeranaloger Umsetzungen

Polymerkomponente	Niedermolekulare Komponente	Produkt	Reaktionstyp
$\}$–OH	RCOOH	$\}$–OCOR	Veresterung
$\}$–OH	ROH	$\}$–O–R	Veretherung
$\}$–OH $\}$–OH	RCHO	$\}$–O$\diagdown$ $\}$–O$\diagup$ CHR	Acetalisierung
$\}$–OH	⬡–N=C=O	$\}$–OCONH–⬡	Carbanilierung
$\}$–OH	NaOH + CS$_2$	$\}$–O–$\overset{S}{\overset{\|}{C}}$–S$^-Na^+$	Xanthogenierung
$\}$–COOR	HOH	$\}$–COOH	Verseifung
$\}$–OCOR	HOH	$\}$–OH	Verseifung
$\}$–C≡N	HOH	$\}$–CONH$_2$	Addition
$\}$⬡	SO$_3$	$\}$⬡SO$_3$H	Sulfonierung

4.2. Reaktionen ohne Abbau

In diese Gruppe von Reaktionen an Makromolekülen gehören die polymeranalogen Reaktionen, Vernetzungsreaktionen und Pfropf- und Blockcopolymerisationen.

Bei den polymeranalogen Umsetzungen werden die einzelnen Grundeinheiten verändert, der Polymerisationsgrad bleibt aber konstant. Die Reaktionen können in Lösung (homogen) oder an festen Polymeren (heterogen) durchgeführt werden, wobei im letzteren Fall wegen der erschwerten Diffusion der Reaktanden und der Reaktionsprodukte kaum einheitliche Produkte erhalten werden. Aber auch in homogenem Milieu reagiert oft nur ein Teil der reaktionsfähigen Gruppen (besonders bei Gleichgewichts-, Elektrolyt- oder sterisch gehinderten Reaktionen). Es entsteht dann ein Copolymer, dessen Zusammensetzung durch Angabe des *Substitutionsgrades* (mittlere Zahl der pro Grundeinheit substituierten Gruppen) bzw. *Verseifungsgrades* (Anteil verseifter Funktionen) charakterisiert wird. Tab. 11 enthält eine Zusammenstellung einiger technisch wichtiger polymeranaloger Reaktionen, bei denen eine niedermolekulare Verbindung mit einem Polymeren reagiert.

Verwendet man bifunktionelle Reagenzien, erhält man vernetzte Polymere. Die wichtigste Reaktion dieser Art ist die Vulkanisation von Kautschuk mit Schwefel.

Heißvulkanisation:

$$\sim\!CH_2\!-\!CH\!=\!CH\!\sim \ \xrightarrow{\ S_8\ } \ \sim\!\underset{\underset{\displaystyle \sim\!CH\!-\!CH\!=\!CH\!\sim}{\overset{|}{S_x}}}{\overset{|}{CH}}\!-\!CH\!=\!CH\!\sim$$

Kaltvulkanisation:

$$\sim\!CH\!=\!CH\!\sim + S_2Cl_2 \rightarrow \ \sim\!\underset{\underset{\displaystyle \sim\!CH\!-\!CHCl\!\sim}{\overset{|}{S}}}{\overset{|}{CH}}\!-\!CHCl\!\sim \quad + S.$$

Ohne die Mitwirkung niedermolekularer Reaktionspartner können an Makromolekülen auch noch Eliminierungs- und Cyclisierungsreaktionen ablaufen:

z. B. Bildung von Polyimiden durch Erhitzen von Polyamiden.

Cyclisierung von Polyacrylnitril

Durch derartige Reaktionen können auch kondensierte Ringsequenzen gebildet werden.

Polymere, die eine durchgehende kondensierte Ringstruktur haben, sind wie eine Leiter aufgebaut. Man nennt sie daher *Leiterpolymere*. Ihre Molekülketten zeichnen sich durch hohe Festigkeit und Steifigkeit aus. Daher gehören Leiterpolymere auch zu den temperaturbeständigsten Kunststoffen.

4.3. Block- und Pfropfpolymerisation

Eine spezielle, in der Praxis sehr wichtige Methode der Modifizierung eines Polymeren A besteht darin, daß man an dieses ein Monomeres B anpolymerisiert, so daß ein Copolymer $P(A-co-B)$ entsteht. Geht man beim zweiten Schritt der Polymerisation von einem lebenden Polymeren aus, dessen Moleküle nur am Kettenende eine reaktionsfähige Gruppe tragen, erhält man ein Blockpolymer $P(A-b-B)$.

Zum Beispiel:

$$\text{\small{\textasciitilde\textasciitilde A}} \cdot + n\, M_B \rightarrow \text{\small{\textasciitilde A\textasciitilde AB\textasciitilde B}}$$

$$PA + \text{Monomer } B \rightarrow P(A-b-B).$$

Am einfachsten gelingen diese Blockpolymerisationen mit lebenden Makroanionen, die nicht durch Rekombinationen desaktiviert werden können. Natürlich ist die Reaktion nur möglich, wenn die Makroionen A als Initiator für das Monomere B wirken können. Im Falle der anionischen Polymerisation muß A^- nukleophiler sein als B^- (kleinerer e-Wert). So läßt sich z. B. Methylmethacrylat (e = 0,40) leicht an das Polystyrolanion (e = $-0,80$) anpolymerisieren, während das PMMA-Anion keine Polymerisation von Styrol auszulösen vermag.

Polykondensations- und Polyadditionsreaktionen eignen sich ebenfalls für die Herstellung von Copolymeren. Dazu geht man von einem Polymeren A aus, das für die Stufenreaktion geeignete Endgruppen enthält. Ein solches kann z. B. durch Copolymerisation gewonnen werden, z. B. durch Copolymerisation von Ethylenoxid mit einer geringen Menge von Glykol entstehen Polyethylenoxidmoleküle mit endständigen Hydroxylgruppen, an die Polyester ankondensiert werden können. Bei der radikalischen Polymerisation können reaktive Endgruppen auch durch Verwendung eines Initiators mit reaktiven Funktionen eingebracht werden. Die Blockpolymerisation kann dann am Initiatorende des Poly-A-Moleküls ansetzen. Durch den Initiator abgestoppte Moleküle enthalten allerdings an beiden Enden reaktive Gruppen und liefern bei der nachfolgenden Copolymerisation ein B-A-B-Triblockcopolymer.

Wächst an einer innenständigen Grundeinheit eine neue Seitenkette auf, so entsteht ein *Pfropfcopolymeres*. Ein analoger Vorgang passiert auch bei der radikalischen Homopolymerisation, wenn durch Übertragungsreaktion ein Radikal im Innern einer Molekülkette gebildet wird. Auf diese Weise erhält man verzweigte Homopolymere. Will man ein Pfropfcopolymeres synthetisieren, muß man an einem fertigen Polymeren A reaktive Gruppen schaffen, die nach Zufügen von Monomeren B eine Seitenkettenpolymerisation auslösen können. Dabei wird dann ein Pfropfcopolymerer P(A-g-B) gebildet (das Symbol g leitet sich vom englischen Ausdruck für Pfropfung „grafting" ab).

Pfropffähige Makroradikale können durch thermische, mechanische Behandlung, vorzugsweise aber mit Hilfe von energiereicher Strahlung (Röntgen-, UV- oder γ-Strahlung) oder durch chemische Aktivierung mit Redoxsystemen erzeugt werden.

5. Lösungen von Polymeren

5.1. Thermodynamik von Lösungen

5.1.1. Beschreibung des Lösungsvorganges

Um ein festes Polymeres in einer Flüssigkeit zu lösen, müssen die einzelnen Makromoleküle voneinander getrennt werden. Die Makromoleküle sind dann nicht mehr von gleichartigen Molekülen, sondern von Lösungsmittelmolekülen umgeben. Der Vorgang läuft nur dann freiwillig ab, wenn dabei insgesamt Energie in irgendwelcher Form frei wird, genauer gesagt, wenn die „Freie Enthalpie" des Systems abnimmt. Die Energie, die für den Lösevorgang zur Verfügung steht, ergibt sich aus der Differenz der inneren Energie von gelöstem und ungelöstem Zustand, abzüglich der Energie, die bei der Reaktion zwangsweise an die Umgebung abgegeben werden muß. Dieser Anteil setzt sich aus der Volumenarbeit $- p\,\Delta V$ und der irreversibel verlorenen Wärme $T\,\Delta S$ zusammen.

Der Netto-Energiebedarf wird Freie Enthalpie ΔG genannt. ΔG ist für die Lage des Reaktions-(Löse-)Gleichgewichts verantwortlich.

$$\Delta G = \Delta U - (- p\,\Delta V) - T\,\Delta S = \Delta H - T\,\Delta S$$

$$\ln K_P = - \Delta G/R\,T.$$

K_P Reaktions-Gleichgewichtskonstante

Die Lösungsenthalpie ΔH ergibt sich aus der Differenz der Wechselwirkungsenergien (W) zwischen ungelöstem und gelöstem Zustand.

Beim Lösen verschwinden Kontakte zwischen gleichartigen Molekülen (W_{11} und W_{22}) und werden Kontakte zwischen Lösungsmittel- und Polymermolekülen neu geschaffen.

$$\Delta H = f\,(W_{12} - W_{11} - W_{22}).$$

W_{xy} = Wechselwirkungsenergie, bedingt durch gegenseitige Anziehung von Molekülen x und y, 1 = Lösungsmittel, 2 = Polymeres.

Die Lösungsentropie ΔS ergibt sich aus dem Unterschied der Lösung und der Ausgangsstoffe. Der Entropiegewinn beim Lö-

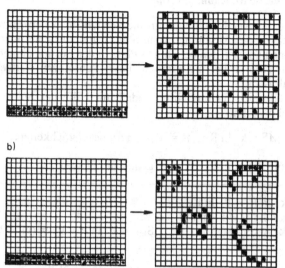

Abb. 17. Beschreibung des Lösevorgangs in einem Gittermodell. a) Niedermolekulare Substanzen: jedes Molekül belegt einen Gitterplatz, b) hochmolekulare Substanzen: jedes Makromolekül belegt P Gitterplätze.

sen ist bei Polymeren meist geringer als bei niedermolekularen Stoffen, denn der Unterschied zwischen der Zahl möglicher Molekülanordnungen im Festzustand und in der Lösung ist bei Makromolekülen weniger groß. Die Entropieerhöhung ist im Falle niedermolekularer Substanzen ein Maximum. Bei der Lösung hochmolekularer Substanzen weicht sie davon ab. Diese Abweichung kommt dadurch zustande, daß die einzelnen Grundbausteine aneinander gebunden sind und sich daher nicht beliebig weit voneinander entfernen können: sie wird durch eine „Excessentropie" beschrieben. Die Unterschiede können in einem Gittermodell veranschaulicht werden, wie es in Abb. 17 dargestellt ist. Dabei wird das zur Verfügung stehende Volumen in lauter gleich große Plätze aufgeteilt, deren jeder entweder von einem Lösungsmittelmolekül oder von einem Kettensegment belegt sein kann.

5.1.2. Ideale Mischungsentropie

Unter idealer Mischungsentropie versteht man den Entropiegewinn bei der Mischung, wenn alle Grundbausteine unabhängig voneinander jeden beliebigen Platz in der Lösung einnehmen können (wie es bei niedermolekularen Substanzen weitgehend der Fall ist).

Sie läßt sich für das Gittermodell mit Hilfe der Boltzmann-Formel berechnen.

$$\Delta S = k \cdot \ln R \qquad R = \text{Realisierungsmöglichkeiten.}$$

getrennte Phasen: gemischte Phasen:

$$S_{s,1} = k \cdot \ln R_1 + k \cdot \ln R_2$$
$$= k \cdot \ln N_1! + k \cdot \ln N_2!$$
$$S_{s,1} = k \cdot \ln (N_1! \, N_2!) \qquad S_{mix} = k \cdot \ln R = k \cdot \ln (N_1 + N_2)!$$

$$S_{mix,\,id} = S_{mix} - S_{s,1} = k \cdot \ln \frac{(N_1 + N_2)!}{N_1! \, N_2!}$$

für $\ln N$ gilt mit Sterling: $\ln N! = N \ln N - N$

$$S_{mix,\,id} = - k \cdot \left(N_1 \ln \frac{N_1}{N_1 + N_2} + N_2 \ln \frac{N_2}{N_1 + N_2} \right)$$
$$S_{mix,\,id} = - R \cdot (n_1 \ln x_1 + n_2 \ln x_2)$$
$$x = \text{Molenbruch}$$

Die Formel für die ideale Mischungsentropie kann natürlich nur für den Fall gelten, daß jedes Molekül einen gleich großen Gitterplatz besetzt. Gelöste Makromoleküle haben aber einen sehr viel größeren Raumbedarf als die Lösungsmittelmoleküle. Dem kann man näherungsweise dadurch Rechnung tragen, daß man das Gitter so vergröbert, daß ein ganzes Makromolekül einen Gitterplatz belegt, während auf einem gleich großen Gitterplatz sehr viele Lösungsmittelmoleküle untergebracht werden können.

Während im niedermolekularen Fall die beiden Komponenten N_1 bzw. N_2 Plätze besetzen, ist in Lösungen von Makromolekülen die Zahl der von den beiden Komponenten beanspruchten Plätze proportional dem Volumenbedarf der Komponente.

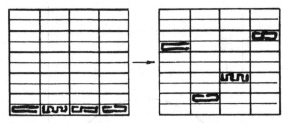

Abb. 18. Vergrößertes Gittermodell für Makromoleküle.

Man muß also in der Formel für die Mischungsentropie Volumenbrüche anstelle von Molenbrüchen setzen:

$$S_{mix} = - R \cdot (n_1 \ln \varphi_1 + n_2 \ln \varphi_2).$$

Wenn ein Lösungsmittel als so groß betrachtet werden kann wie eine Grundeinheit des Makromoleküls, gilt:

$$\varphi_1 = \frac{n_1}{n_1 + P \cdot n_2} \qquad \varphi_2 = 1 - \varphi_1.$$

5.1.3. Reale Mischungsentropie

Die *Excess-Entropie* ΔS_{exc} ist der Unterschied der Mischungsentropie einer makromolekularen Lösung gegenüber einer niedermolekularen Lösung, die so viele Moleküle enthält wie die makromolekulare Lösung Grundeinheiten.

$$\Delta S_{exc} = \Delta S_{mix} - \Delta S_{mix, id}$$
$$= - R \cdot n_2 \ln P - (n_1 + n_2) \ln (1 - x_2 + x_2 P).$$

Man sieht also, daß die Mischungsentropie nicht nur von den Konzentrationsverhältnissen, sondern auch vom Polymerisationsgrad abhängt. Die Exceßentropie ist immer negativ, weil bei Makromolekülen die Entropiezunahme nie so groß sein kann wie im niedermolekularen Fall. Die Formeln berücksichtigen nicht den Entropiegewinn, der dadurch zustande kommt, daß sich die Knäuelkonformation bei der Lösung ändern kann.

Grenzfall für stark verdünnte Lösungen ($x_2 \ll 1$):

$$\Delta S_{exc} = - R \cdot n_2 \ln P.$$

73

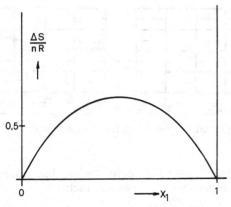

Abb. 19. Ideale Mischungsentropie als Funktion des Molenbruches an Lösungsmittel in der Lösung.

Abb. 19 zeigt die Abhängigkeit der idealen Mischungsentropie von der Zusammensetzung der Lösung bei niedermolekularen Lösungen.

In Abb. 20 wird die Abhängigkeit der Exceßentropie vom Volumenbruch φ, bei Lösungen von Makromolekülen des Polymerisationsgrads P dargestellt.

Die gesamte Mischungsentropie ergibt sich als Summe

$$\Delta S = \Delta S_{mix} + \Delta S_{exc}.$$

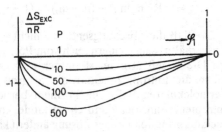

Abb. 20. Verringerung der Mischungsentropie durch die makromolekulare Natur des Gelösten als Funktion des Volumenbruchs des Lösungsmittels in der Lösung.

5.1.4. Mischungsenthalpie (Mischungswärme)

Die Entropievermehrung beim Lösen läuft für sich allein betrachtet ohne Wärmeaustausch mit der Umgebung ab. Es muß aber dabei Energie aufgewendet werden, um die Kohäsionskräfte zwischen den Lösungsmittelmolekülen (W_{11}) und die Polymer-Polymer-Kohäsion (W_{22}) zu überwinden. Gleichzeitig treten die Lösungsmittelmoleküle unmittelbar mit den Makromolekülen in Kontakt, wobei Solvatationsenergie freigesetzt wird (W_{12}). Dies wird schematisch in Abb. 21 dargestellt.

Ein Maß für die Wechselwirkungskräfte W_{11} und W_{12} ist die *Kohäsionsenergiedichte* (= Energie, die zum vollständigen Trennen der in einem Einheitsvolumen enthaltenen Moleküle (Verdampfen) aufgewendet werden muß, $U_{1,v}/V_1$ bzw. $U_{2,v}/V_2$ mit $U_{.,v}$... Verdampfungswärme). Daraus wurden die sogenannten *Hildebrandschen Löslichkeitsparameter* abgeleitet:

$$\delta_1^2 = \frac{U_{1,v}}{V_1} \qquad \delta_2^2 = \frac{U_{2,v}}{V_2}.$$

Da man W_{12} nicht kennt, muß man irgendeine Annahme über dessen Größe machen. Nimmt man an, daß es gleichgesetzt werden kann mit dem geometrischen Mittel der Wechselwirkungsenergien W_{11} und W_{22} ($W_{12} = (W_{11} \cdot W_{22})^{1/2}$), erhält man für die Mischungswärme ΔU_{mix}

$$\Delta U_{mix} = V \cdot \delta_1 \cdot \delta_2 (\delta_1 - \delta_2)^2 \approx \Delta H_{mix}.$$

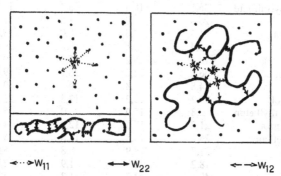

$\xleftarrow{\cdots}\!\!\xrightarrow{} W_{11}$ $\qquad \longleftrightarrow W_{22}$ $\qquad \xleftarrow{}\!\!\xrightarrow{} W_{12}$

Abb. 21. Wechselwirkungskräfte in der Lösung (rechts) und im getrenntphasischen System (links).

Der Ausdruck $(\delta_1 - \delta_2)^2$ charakterisiert die Löslichkeit eines Polymeren in einem Lösungsmittel, da die für die Lösung aufzuwendende Energie um so größer ist, je unterschiedlicher die Anziehungskräfte in den getrennten Systemen sind. Ist $\delta_1 = \delta_2$, löst sich das Polymere am besten, seine Lösungsviskosität ist am größten und, wenn es sich um ein vernetztes Polymer handelt, quillt es am stärksten.

Für genauere Überlegungen muß man zwischen Wasserstoffbrücken, Dipol- und Dispersionskräften unterscheiden und diese jeweils durch einen anderen Parameter beschreiben (δ_H, δ_P und δ_D).

Tab. 12 gibt eine Zusammenstellung der Löslichkeitsparameter einiger wichtiger Lösungsmittel.

Tabelle 12. Löslichkeitsparameter einiger wichtiger Lösungsmittel

Lösungsmittel	Löslichkeitsparameter ($J^{\frac{1}{2}}$ cm$^{-\frac{3}{2}}$)			
	δ_0	δ_D	δ_P	δ_H
Aceton	20,0	15,5	10,4	7,0
Acetonitril	24,4	15,3	18,0	6,1
Benzol	21,3	18,7	8,6	5,3
n-Butylacetat	17,3	15,7	3,7	6,3
Chloroform	18,8	17,7	3,1	5,7
Cyclohexan	16,7	16,7	0	0
Dimethylformamid	24,8	17,4	13,7	11,4
Dimethylsulfoxid	26,5	18,4	16,4	10,2
Dioxan	20,5	19,0	1,8	7,4
Essigsäure	21,5	14,5	8,0	13,5
Ethanol	26,4	15,8	8,8	19,4
Ethylacetat	18,6	15,2	5,3	9,2
Formamid	36,2	17,2	26,2	19,0
Hexan	14,8	14,8	0	0
Methanol	29,2	15,2	12,3	22,3
Methylethylketon	12,8	15,9	9,0	5,1
Nitrobenzol	21,7	17,6	12,3	4,1
Nitromethan	25,2	15,8	18,8	5,1
Pyridin	21,7	18,9	8,8	5,9
Toluol	18,2	18,0	1,9	2,0
Wasser	48,1	12,3	31,3	34,2
Xylol	18,0	17,7	1,0	3,1

Tabelle 13. Löslichkeitsparameter δ_0 der ein bestimmtes Polymeres noch lösenden Lösungsmittel ($J^{\frac{1}{2}} cm^{-\frac{3}{2}}$)

Polymer	Lösungsmittel apolare	polare
Polystyrol	$19{,}0 \pm 2{,}7$	$18{,}4 \pm 1{,}8$
Polyvinylacetat	$22{,}1 \pm 3{,}9$	$23{,}7 \pm 6{,}3$
Polymethylmethacrylat	$22{,}1 \pm 2{,}5$	$22{,}3 \pm 4{,}9$
Cellulosetrinitrat	$24{,}4 \pm 1{,}6$	$22{,}9 \pm 7{,}0$

Bei Polymeren kann man die Verdampfungswärme nicht messen, man muß die Kohäsionsdichte daher indirekt bestimmen, z. B. aus dem auf einem anderen Weg ermittelten Löslichkeitsparameter. Zur Ermittlung des Löslichkeitsparameters mißt man z. B. die Knäuelaufweitung in verschiedenen Lösungsmitteln unterschiedlicher Lösekraft, z. B. durch Messung des *Staudinger*-Index. Die Knäuelaufweitung wird durch Anziehung einzelner Polymersegmente verringert. Sie ist am größten, wenn diese Anziehung (W_{22}) völlig durch Lösungsmittelmoleküle (W_{12}) kompensiert wird. Im Maximum der Expansion muß daher $\delta_2 = \delta_1$ sein.

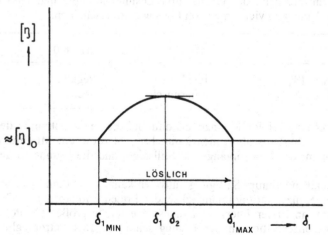

Abb. 22. Abhängigkeit des *Staudinger*-Index eines Polymeren vom Löslichkeitsparameter des Lösungsmittels.

Abb. 22 gibt einen schematischen Zusammenhang zwischen *Staudinger*-Index eines Polymer und dem δ_1-Wert des Lösungsmittels an. Die praktisch gemessenen Abhängigkeiten sind jedoch komplizierter, weil sich die Lösungsmittel in der Kombination der δ_H-, δ_P- und δ_D-Parameter zusätzlich unterscheiden.

In dem Zustand, in dem das Molekül gerade eben noch löslich ist, hat es die kleinsten Knäueldimensionen (kritischer Punkt). So gibt es für jedes Polymere einen δ-Bereich, in dem es löslich ist. In Ermangelung genauer Bestimmungsmethoden wird der Mittelpunkt eines Löslichkeitsbereichs oft als Löslichkeitsparameter der Polymere angegeben (siehe Tab. 11).

5.1.5. Thermodynamische Einteilung der Lösungstypen

Im Idealfall kann die Lösungsenthalpie Null sein. Dies ist dann der Fall, wenn die energetischen Wechselwirkungen in der Lösung und im getrenntphasigen Zustand insgesamt gleich groß sind.

Die Lösungsentropie hat praktisch nie den Wert Null, weil der Ordnungsgrad in der Regel in der Lösung geringer ist als im Festzustand. Im Idealfall ist die Lösungsenthalpie gleich der idealen Mischungsentropie.

Entsprechend der Größe ihrer Lösungsenthalpie und -entropie kann man vier Typen von Lösungen unterscheiden:

	$\Delta H = 0$	$\Delta H \neq 0$
$\Delta S = \Delta S_{mix,id}$	ideal	regulär
$\Delta S \neq \Delta S_{mix,id}$	athermisch	real

Lösung erfolgt so lange, als dauernd die Freie Enthalpie des Gesamtsystems abnehmen kann. Erreicht diese ein Minimum, kommt der Lösevorgang zum Stillstand, und die Lösung ist gesättigt.

Daß überhaupt Sättigung auftreten kann, beruht auf der starken Konzentrationsabhängigkeit der Freien Enthalpie. Der Gewinn an Freier Energie ist um so kleiner, je größer die Polymerkonzentration in der Lösung schon ist. Das Entropieglied $T\Delta S$ enthält auch noch die Temperatur, daher ist die Sättigungskonzentration stark temperaturabhängig.

78

5.1.6. Theoretische Beschreibung des Lösungszustandes und der Löslichkeitsgrenzen

Für die freie Mischungsenthalpie ΔG_{mix} der Lösung gilt allgemein:

$$\Delta G_{mix} = \Delta H_{mix} - T \Delta S_{mix}$$
$$\Delta S_{mix} = - R (n_1 \ln \varphi_1 + n_2 \ln \varphi_2)$$

mit $\quad \varphi_1 = \dfrac{n_1}{n_1 + n_2} \quad$ und $\quad \varphi_2 = \dfrac{Pn_2}{n_1 + Pn_2}$.

Für die Abschätzung von ΔH_{mix} teilt man die Lösung in ein Gitter auf, in dem das Polymere und das Lösungsmittel eine Anzahl von Plätzen im Verhältnis $\varphi_2 : \varphi_1$ belegen (siehe Abb. 23).

Um statistische Gleichverteilung der einzelnen Polymerelemente zu erreichen, muß man eine Anzahl N_x Polymerelemente gegen Lösungselemente austauschen. Dabei wird jeweils die Enthalpie $\Delta H = f (W_{11} + W_{22} - W_{12})$ verbraucht. $N \varphi_2 - N_x$ Polymerelemente können dabei an ihrem alten Platz bleiben. Die Anzahl der auszutauschenden zur Zahl der verbleibenden Volumselemente ($\varphi_1 : \varphi_2$) muß im Verhältnis der zur Verfügung stehenden Gesamtvolumina stehen.

$$\frac{N_x}{N_2 - N_x} = \frac{\varphi_1}{\varphi_2}.$$

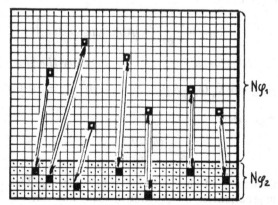

Abb. 23. Gittermodell zur Berechnung der Freien Lösungs-(Mischungs-) enthalpie.

Daraus ergibt sich für die Mischungsenthalpie:

$$\Delta H_{mix} = N_x \, \Delta H = N \cdot f \, (W_{11} + W_{22} - W_{12}) \cdot \varphi_1 \, \varphi_2 \cdot N.$$

f = Faktor.

Hat man ursprünglich $N = v$ Plätze gewählt und errechnet man den Volumenbruch des Lösungsmittels nach

$$\varphi_1 = n_1 \, \bar{V}_1 / v,$$

ergibt sich für die freie Mischungsenthalpie:

$$\Delta G_{mix} = R\,T \cdot \left(n_1 \ln \varphi_1 + n_2 \ln \varphi_2 + n_1 \frac{B\,\bar{V}_1}{R\,T} \varphi_2 \right)$$

$$= \Delta G_{mix} = R\,T \, (n_1 \ln \varphi_1 + n_2 \ln \varphi_2 + n_1 \, \chi \, \varphi_2)$$

mit

$$\chi = B \, \bar{V}_1 / R\,T$$

B = Faktor

$\bar{V}$ = part. Molvolumen des Lösungsmittels

χ heißt *Wechselwirkungsparameter* nach *Flory*, er ist ein Maß für die Energie, die verbraucht wird, wenn in einem Einheitsvolumen alle gleichnamigen Kontakte durch ungleichnamige ersetzt werden. Die Energie wird dabei in RT-Einheiten gemessen.

Vergleich mit der *Hildebrand*-Theorie: Partielle Mischungsenthalpie $\overline{\Delta H}_{mix}$

$$\overline{\Delta H}_{mix} = \frac{\delta \Delta H_{mix}}{\delta n_1} \left(\text{Ableitung nach } n_1 \right)$$

Hildebrand   *Flory-Huggins*

$$\Delta H_{mix} = \delta_2^2 \, \bar{V}_1 \, (\delta_1 - \delta_2)^2 \qquad \overline{\Delta H}_{mix} = \chi \, R\,T \, \varphi_2^2$$

daraus ergibt sich:

$$\chi = \frac{(\delta_1 - \delta_2) \, \bar{V}_1}{R\,T}.$$

Die Beziehung ist aber nur eine erste Näherung. Der Wechselwirkungsparameter hängt nämlich nicht nur von der Änderung der Energie der Nachbarschaftskontakte ab, sondern auch von der Kontaktentropie. Dieser Beitrag ist konzentrationsabhängig. Man kann, wiederum näherungsweise, setzen:

$$\chi = \chi_0 + \sigma \, \varphi_2 \, ,$$

χ_0 = enthalpische Komponente,
σ = entropische Komponente des Wechselwirkungsparameters

meist wird aber σ vernachlässigt.

Wie gezeigt wurde, hängt die Freie Enthalpie der Lösung von der Volumenkonzentration an Polymeren (φ_2) in der Lösung, dessen Polymerisationsgrad (P) und dem Wechselwirkungsparameter (χ) ab. Abb. 24 gibt den Verlauf der Freien Enthalpie als Funktion der Konzentration für konstanten Polymerisationsgrad, aber verschiedene Wechselwirkungsparameter wieder. Bei kleinen χ-Werten hängt die Kurve einfach nach unten durch, sie hat ein Minimum, was bedeutet, daß das Polymere in jeder Konzentration löslich ist. Bei größeren χ-Werten erhält die Funktion jedoch eine „Delle", sie hat dann zwei Wendepunkte, zwei Minima und ein dazwischen liegendes Maximum. Es gibt eine Tangente, die die Kurve in zwei Punkten berührt. Einer dieser Punkte entspricht einer hochverdünnten, der andere einer konzentrierten Lösung. Da die Neigung der Potentialfunktion für diese beiden Zustände gleich ist, haben sie auch gleiches chemisches Potential. Unter diesen Bedingungen steht die verdünnte Lösung daher im Gleichgewicht mit einer sehr konzentrierten Phase, das Gesamtsystem trennt sich in diese beiden Phasen. Das Gebiet, in dem Phasentrennung auftritt, ist in Abb. 24 eingezeichnet.

Bei einem bestimmten „kritischen" χ-Wert (χ_{crit}) fallen Wendepunkte und Extremwerte der Potentialfunktion zusammen, dies ist die Schwelle, ab der vollständige Löslichkeit auftritt. χ_{crit} hängt noch vom Polymerisationsgrad ab, es nimmt für P → ∞ den Wert 0,5 an.

$$\chi_{crit} = 0{,}5 \, (1 + P^{-0{,}5}).$$

Diesen ausgezeichneten Grenzzustand der vollständigen Löslichkeit, der gleichsam das Verhalten von Molekülketten ohne Enden beschreibt, nennt man Θ *(Theta-Zustand)* ($\chi = 0{,}5$).

Der in einer Lösung wirksame χ-Wert ist stark temperaturabhängig.

Der kritische Punkt der Lösungsenthalpie entpricht sowohl einem kritischen Wechselwirkungsparameter χ_{crit} als auch einer *kritischen Volumenkonzentration* φ_{2crit}, bei der die Lösung die

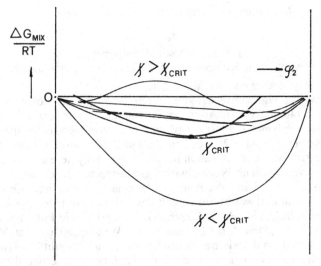

Abb. 24. Abhängigkeit der Freien Mischungsenthalpie von der Volumenkonzentration φ_2 des Polymeren für verschiedene Wechselwirkungsparameter und konstanten Polymerisationsgrad (χ_{crit} = kritischer χ-Wert).

niedrigstmögliche Freie Enthalpie aufweist. φ_{2crit} hängt in ähnlicher Weise vom Polymerisationsgrad ab wie χ_{crit}.

$$\varphi_{2crit} = \frac{1}{1 + P^{0,5}} .$$

5.2. Fällung von Polymeren aus Lösung

Durch Änderung der Lösungsmittelzusammensetzung oder der Temperatur ändert sich auch χ.

Wird der kritische Wert von χ überschritten, trennt sich die Lösung in eine polymerreiche und eine polymerarme Lösungsphase. Die polymerreiche Lösung ist ein hochgequollenes Gel.

Bei einem gegebenen System mit einem bestimmten Polymerisationsgrad hängt die Phasentrennungstemperatur vom Temperaturverlauf des Wechselwirkungsparameters ab. Dieser sollte eigentlich mit steigender Temperatur monoton sinken, weil er

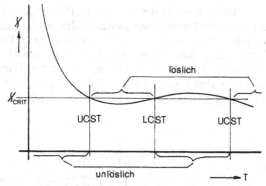

Abb. 25. Schematische Abhängigkeit des Wechselwirkungsparameters χ von der Temperatur (χ_{crit} = kritischer χ-Wert; UCST = upper critical solution temperature, LCST = lower critical solution temperature).

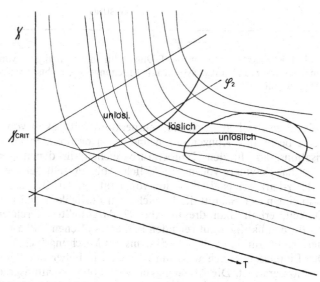

Abb. 26. Abhängigkeit von χ von Temperatur T und Volumenkonzentration des Polymeren φ_2 für einen bestimmten Polymerisationsgrad.

auf die thermische Energie des Systems (RT) bezogen ist. Wenn besondere sterische Verhältnisse zwischen den beteiligten Molekülen vorliegen, kann er aber auch wieder ansteigen. Der kritische Wert kann damit sowohl bei Temperaturabfall (*Upper Critical Solution Temp.*) als auch bei steigender Temperatur überschritten werden (*Lower Critical Solution Temperature*). Ist χ kleiner als χ_c, geht das Polymere homogen in Lösung.

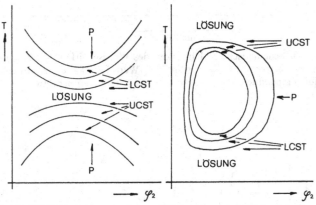

Abb. 27. Löslichkeitsgrenzen im φ_2-T-Diagramm in Abhängigkeit vom Polymerisationsgrad P; links: System mit Mischungssteg, rechts: System mit Mischungslücke.

Abb. 25 zeigt schematisch die Temperaturabhängigkeit von χ für eine bestimmte Konzentration und einen bestimmten Polymerisationsgrad. In den Temperaturbereichen, in denen $\chi <$ χ_{crit}, ist das Polymere vollständig löslich. Abb. 26 stellt den Verlauf des χ-Parameters als Funktion von T und φ_2 dar. Betrachtet man in einem φ-T-Schnitt die Bereiche von Löslichkeit und Unlöslichkeit, erhält man die in Abb. 27 dargestellten Grenzen (links für den häufiger auftretenden Fall eines offenen 2-Phasengebiets, rechts für den Fall eines Systems mit Mischungslücke).

Der Einphasenbereich wird um so enger, je höher der Polymerisationsgrad ist. Die Abhängigkeit vom Polymerisationsgrad wird jedoch mit steigendem P immer geringer, und die T_c nähert sich dem Grenzwert, der Θ-*(Theta)temperatur*. In der Nähe des kritischen Punktes gilt unter der Voraussetzung $\bar{V}_2 = P \cdot \bar{V}_1$

$$\frac{1}{T_c} = \frac{1}{\Theta}\left(1 + \frac{c}{\sqrt{P}}\right)$$

$\bar{V}$ = part. Molvolumen

Die Θ-Temperatur läßt sich danach ermitteln, indem bei verschiedenen Proben bekannten Polymerisationsgrades die Phasentrennungstemperatur T_c anhand der dort auftretenden Trübung bestimmt und extrapoliert wird (siehe Abb. 28).

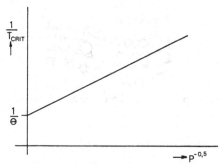

Abb. 28. Ermittlung der Θ-Temperatur durch Extrapolation der gemessenen Temperatur T_{crit} auf $P \to \infty$.

5.3. Mehrkomponentensysteme (Mischlösungsmittel)

Sehr häufig werden Mischlösungsmittel verwendet, deren Löslichkeitsparameter sich im einfachsten Fall additiv aus den Parametern der Komponenten ergeben.

Bei Additivität gilt

$$\delta_1^2 = \delta_a^2 w_a + \delta_b^2 w_b.$$

a bzw. b Reinlösungsmittel; w = Massenanteil.

Im allgemeinen ist jedoch die Wirkung des Mischlösungsmittels grundsätzlich verschieden. Die Komponenten können sich in ihrer lösenden Wirkung verstärken, oder sie können bevorzugt miteinander in Wechselwirkung treten und damit an Lösekraft

85

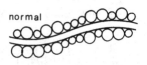

normal

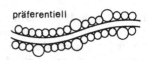

präferentiell

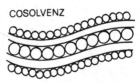

COSOLVENZ

Abb. 29. Solvatation eines Makromoleküls durch Lösungsmittelgemische.

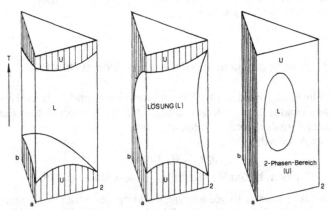

Abb. 30. Phasengrenzfläche in einem System Lösungsmittel a/Lösungsmittel b/Polymer 2. Die Einphasengebiete (vollständige Lösung) werden mit steigendem Polymerisationsgrad enger.

gegenüber dem Polymeren einbüßen. Je nach dem Verhältnis der Wechselwirkungskräfte W_{aa}, W_{bb}, W_{ab}, W_{a2}, W_{b2} und W_{22} unterscheidet man verschiedene Solvatationsfälle, die in Abb. 29 veranschaulicht werden.

Normale Solvatation: Die Zahl der verschiedenen, die Polymerkette solvatisierenden, Moleküle hängt nach dem *Boltzmann*schen Verteilungssatz von ihrer Bindungsenergie und ihrer Konzentration im Mischlösungsmittel ab.

Präferentielle Solvatation: Eine Lösungsmittelkomponente wird kooperativ bevorzugt. Auch wenn die andere Komponente im Überschuß ist, solvatisiert sie praktisch nicht.

Kosolvenz: Im Fall von zwei schlecht mischbaren Lösungsmitteln kann das Gemisch besser lösen als die einzelnen Komponenten, weil das Polymer als Lösungsvermittler für die Mischung wirken kann. Dadurch wird die Lösung energetisch begünstigt.

Will man die Temperaturabhängigkeit des Löslichkeitsgebietes in einem Mehrkomponentensystem darstellen, muß man eine mehrdimensionale Darstellung wählen. Man erhält dann Figuren, wie sie Abb. 30 enthält.

6. Gestalt von Knäuelmolekülen

Normalerweise liegen die linearen Makromoleküle weder in Lösung noch in der Schmelze oder im Festkörper in gestreckter Form vor, sondern sind mehr oder weniger verknäuelt. Wegen ihres geringen Ordnungsgrades ist die Knäuelstruktur schwer zu beschreiben. Um quantitative Angaben machen zu können, verwendet man vereinfachte Modellvorstellungen, deren wichtigste im folgenden kurz beschrieben werden sollen.

6.1. Idealisierte Valenzkette

Das höchst vereinfachte Modell stellt eine Kette von P Gliedern der Länge l_0 dar, deren gegenseitige Beweglichkeit völlig unbehindert ist (kein fester Bindungswinkel und keine bevorzugte Rotationskonformation). Die Kettenglieder des Modells und die Gelenke haben kein Eigenvolumen.

Idealisierte Molekülkette:

S_0 Massenschwerpunkt
h_e Endpunktabstand

Da die Winkel zwischen den Segmenten in dem Modell nicht festliegen, können die Endpunkte jeden beliebigen Abstand zwischen $h_e = 0$ und der gestreckten Länge einnehmen. Am häufig-

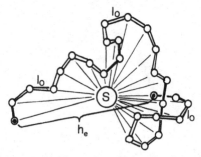

Abb. 31. Idealisierte Valenzkette. h_e = Endpunktsabstand, l_0 = Segmentlänge, S = Massenschwerpunkt.

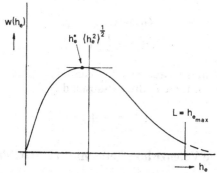

Abb. 32. Endpunktsabstandsfunktion einer statistischen Kette. $h_e^* =$ häufigster Endpunktsabstand, $\langle h_e^2 \rangle^{\frac{1}{2}} =$ mittlerer Endpunktsabstand.

sten werden mittlere Endpunktabstände $0 < h_e < L = l_0\,P$ vorkommen. Die Verteilung aller möglichen Abstände kann man durch die „Endpunktabstandsfunktion" beschreiben, die etwa die in Abb. 32 gezeigte Form hat. Die Endpunktsabstandsfunktion $w(h_e)$ gibt die Wahrscheinlichkeit an, daß die beiden Kettenenden den Abstand h haben. Der maximal mögliche Endpunktsabstand liegt in der völlig gestreckten Kette vor, bei $h_e = 0$ würde sich die Kette in den Schwanz beißen.

Der mittlere Endpunktsabstand wird, wie bei Verteilungsfunktionen üblich, als quadratischer Mittelwert angegeben:

$$\langle h_e^2 \rangle = \int\limits_0^\infty h^2 \cdot w\,(h_e) \cdot dh_e.$$

Als äquivalentes Maß der Knäuelgröße kann der „Streumassenradius R" definiert werden. R stellt den mittleren Abstand der Massenpunkte des Moleküls vom Schwerpunkt dar. Er entspricht dem auf den Schwer*punkt* (nicht wie sonst üblich auf eine Schwerpunkt*achse*!!) bezogenen Trägheitsradius.

$$\langle R^2 \rangle = \frac{1}{n} \sum_1^n r_i^2.$$

(r_i Abstand des Segments i vom Schwerpunkt des Moleküls)

Für die völlig unbehinderte Kette läßt sich die Endpunktsfunktion statistisch berechnen. Man erhält dann folgende Mit-

89

telwerte:

$$\langle h_e^2 \rangle = P \cdot l_0^2$$
$$\langle R^2 \rangle = \frac{1}{6} \cdot P \cdot l_0^2.$$

Der am häufigsten auftretende Endpunktsabstand h_e^* ist etwas kleiner als der mittlere Endpunktsabstand $\langle h_e \rangle$

$$h_e^{*2} = \frac{2}{3} \langle h_e^2 \rangle.$$

6.2. Einfache Valenzwinkelkette mit freier Drehbarkeit

Da im Makromolekül die Valenzwinkel weitgehend festgelegt sind, werden sehr viele Kettenkonformationen unmöglich. Die mittleren Dimensionen sind von denen einer völlig frei beweglichen Kette verschieden. Legt man den Valenzwinkel Θ fest (muß vom gestreckten Winkel erheblich abweichen), erhält man in guter Näherung für den mittleren Endpunktsabstand

$$\langle h_e^2 \rangle = P \cdot l_0^2 \frac{(1 - \cos \Theta)}{(1 + \cos \Theta)}.$$

Für $\Theta = 90°$ verschwindet der Valenzwinkelterm, und die Molekülkette nimmt dieselben äußeren Dimensionen an, wie eine völlig frei bewegliche (statistische) Kette. Ist der Bindungswinkel größer als 90°, wird das Molekül gegenüber der freien Kette gestreckt. Für den Tetraederzentriwinkel der Kohlenstoffeinfachbindung $\Theta = 105°$ gilt:

$$\langle h_e^2 \rangle = P \cdot l_0^2 \cdot 1{,}698.$$

Aber selbst wenn man einen festen Bindungswinkel zugrundelegt, ist das Modell noch zu stark vereinfacht, um den realen Verhältnissen gerecht zu werden. Ein realistischeres Modell muß mindestens noch zwei Tatsachen berücksichtigen:

1. die eingeschränkte Drehbarkeit um die σ-Bindung,
2. den Volumenbedarf der Kettenglieder.

6.3. Valenzwinkelkette mit behinderter Drehbarkeit

Die Richtungsänderungen entlang der Molekülkette kann man mit den beiden Winkelangaben des Drehwinkels und des Bin-

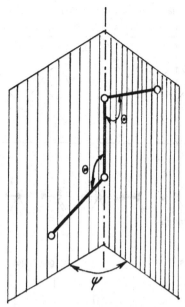

Abb. 33. Beschreibung der Konformation eines realen Kettensegments.
Θ = Bindungswinkel, Ψ = Azimutwinkel.

dungswinkels beschreiben. Unter dem Drehwinkel oder Azimuthwinkel ψ versteht man den Schnittwinkel zweier durch drei benachbarte Bindungen festgelegten Ebenen (Abb. 33). Dadurch, daß bei der Rotation Potentialschwellen zu überwinden sind, kommen die energieärmeren Lagen häufiger vor als die anderen. Mittelt man entsprechend ihrer Häufigkeit über alle Lagen, erhält man im allgemeinen einen von Null verschiedenen Mittelwert des Richtungskosinus.

Bei ungehinderter Rotation wäre der Mittelwert Null.

Abb. 34 zeigt die Abhängigkeit des Potentials in der sterischen Behinderung zweier Substituenten an einem durch eine σ-Bindung gebundenen Kettensegment. Die gestaffelten Konformationen haben niedrigere Potentiale und kommen daher häufiger vor als die anderen. Dadurch ergibt sich die unten gezeichnete, gewichtete cos-Funktion, die einen von Null verschiedenen Mittelwert hat. In diesem Fall erhält man für den mittleren End-

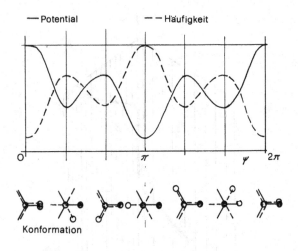

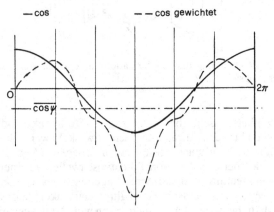

Abb. 34. Rotationspotential für verschiedene Konformationen an einer σ-Kettenbindung.

punktsabstand

$$\langle h_e^2 \rangle = P \cdot l_0^2 \cdot \frac{(1 - \cos \Theta)}{(1 + \cos \Theta)} \cdot \frac{(1 - \cos \psi)}{(1 + \cos \psi)}$$

$\cos \psi = $ Mittelwert des Richtungskosinus.

6.4. Valenzwinkelkette mit beschränkter Drehbarkeit und ausgeschlossenem Eigenvolumen

Die bisher betrachteten Effekte des festen Valenzwinkels und der eingeschränkten Drehbarkeit um die Kettenbindungen weiten den Molekülknäuel im allgemeinen gegenüber dem statistischen Knäuel auf. Das Molekül ist gestreckter, als es bei völlig freier Beweglichkeit der Kettenglieder wäre. Im gleichen Sinne wirkt sich das bisher vernachlässigte Eigenvolumen der Kettenglieder aus. Durch jedes Kettenglied wird ein Raumsegment für alle anderen Kettenglieder ausgeschlossen. Dadurch wird die Zahl der Realisierungsmöglichkeiten verringert, und die Kette muß sich insgesamt über einen größeren Raum erstrecken, wird also zusätzlich aufgeweitet. Der aufgeweitete Knäuel ist im Durchschnitt viel schmäler und länger als der statistische. Die Endpunktsabstandsfunktion wird verzerrt; die größeren Abstände treten häufiger auf, und der wahrscheinlichste Wert nähert sich dem quadratischen Mittelwert an. Die Größe des ausgeschlossenen Volumens hängt von der Art des gewählten Modells ab. Im konkreten Makromolekül stellt das *interne* ausgeschlossene Volumen das durch die endliche Dicke der Molekülketten einschließlich der wirksamen Solvathülle verursachte, nicht zugängliche Volumen dar. Häufig meint man auch das *scheinbare* ausgeschlossene Volumen, das ein Maß für das Eigenvolumen minus der Wirkung der W_{22}-Anziehungskräfte ist.

Die Knäuelaufweitung wird phänomenologisch durch den „Aufweitungsparameter α" beschrieben:

$$\langle R^2 \rangle = \alpha \cdot \langle R_0^2 \rangle$$

$\langle R_0 \rangle$ = Streumassenradius des nicht aufgeweiteten Knäuels (entspricht dem Θ-Zustand).

6.5. Knäuelaufweitung und Thermodynamik

Das rein statistische, nicht aufgeweitete Knäuel erhält seine augenblickliche Gestalt allein durch die thermische Bewegung der Molekülkette. Eine solche statistische Form kann man nur erhalten, wenn auf die Kettensegmente keine zusätzlichen Solvatationskräfte einwirken, in diesem Zustand hätte der Molekülknäuel seine „*ungestörten Dimensionen*". Wirken, z. B in Lösung, zusätzliche solvatisierende Kräfte (2−2-Abstoßung, 1−2-Anziehung), haben wir es mit einem thermodynamisch guten Lösungsmittel zu tun, in dem der Knäuel aufgeweitet erscheint.

Überwiegen die desolvatisierenden Kräfte (1−1- und 2−2-Anziehungskräfte), werden die einzelnen Knäuelsegmente näher aneinandergezogen, als es dem kraftfreien (statistischen) Fall entspricht. Die realen Knäueldimensionen wären in diesem Fall kleiner, als dem statistischen Knäuel entspricht, das scheinbare ausgeschlossene Volumen wäre negativ. Dieselben Anziehungskräfte, wie sie innerhalb eines Knäuels wirken, treten aber auch zwischen verschiedenen Molekülen auf, die ebenfalls durch die thermische Bewegung auseinandergehalten werden. Wenn aber die intermolekularen Anziehungskräfte die Wirkung der thermischen Bewegung übertreffen, kommt es zur fortschreitenden Assoziation von Molekülen, die schließlich zur Phasentrennung führt.

Am kritischen Punkt halten sich solvatisierende und desolvatisierende Einflüsse gerade die Waage. In diesem Zustand ist das Molekülsegment scheinbar frei von energetischen Einflüssen. Daraus folgt, daß das Makromolekül in Lösung gerade am kritischen Punkt seine ungestörten Dimensionen einnimmt. Etwas unscharf wird hier auch von Θ-*Dimensionen* gesprochen, dieser Ausdruck sollte aber nur für die Molekülverknäuelung bei den eigentlichen Θ-Bedingungen (also bei unendlichem Polymerisationsgrad) verwendet werden.

In Polymerschmelzen ist jedes Molekülsegment von gleichartigen Molekülsegmenten umgeben, wobei es keinen Unterschied ausmacht, ob die umgebenden Segmente derselben Kette oder anderen Makromolekülen angehören. Die Wirkung der gleichartigen Nachbarsegmente hebt sich in Summe praktisch auf, so daß jedes einzelne Molekül keine zusätzliche Solvatation erfährt und seine ungestörten Dimensionen einzunehmen trachtet. Dies ist in einem dichten System wie einer Schmelze aber nur möglich, wenn die verschiedenen Knäuel einander weitgehend durchdringen. Wenn beim Abkühlen die Schmelze glasig erstarrt, behalten die Molekülknäuel weitgehend ihre ungestörte Knäuelform bei. In der Praxis weicht die Form der Molekülketten aber oft erheblich von der ungestörten Dimension ab, weil die Polymerschmelze aufgrund des Herstellungsprozesses zumeist nicht genügend Zeit hatte, um das thermodynamische Gleichgewicht zu erreichen.

6.6. Kuhnscher Ersatzknäuel

Das reale Molekülknäuel weicht stark vom statistischen Knäuel ab. Dadurch ist es schwierig, seine Eigenschaften zu berechnen. Man kann diese Schwierigkeiten formal durch Einführen eines Äquivalentmodells umgehen, das einen Anpassungsparameter enthält, der den Abweichungen von der Statistik pauschal Rechnung trägt. Solche Äquivalentmodelle sind das *Kuhnsche Modell* und das *Persistenzmodell*.

Kuhnsches Ersatzknäuel-Modell (siehe Abb. 35)

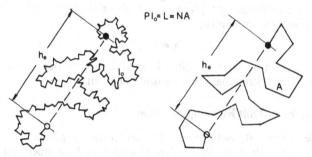

Abb. 35. *Kuhn*sches Ersatzknäuelmodell. A = Fadenelement.

Das Modell soll mit dem realen Knäuel in der gestreckten Länge und dem Endpunktsabstand übereinstimmen. Der Anpassungsparameter Kettengliedlänge (= *statistisches Fadenelement A*) muß dabei so gewählt werden, daß die statistischen Gesetze stimmen. A wird um so größer, je stärker der Knäuel aufgeweitet ist. Es gilt:

$$\langle h_e^2 \rangle = N \cdot A^2 = A \cdot L.$$

N = L/A Zahl der Kettenglieder im Äquivalentknäuel.

Auf dieses Modell können nun alle Formeln angewendet werden, die für das freie Valenzkettenmodell (Abschnitt 6.1) abgeleitet wurden, wobei aber l_0 durch A und P durch N ersetzt werden muß.

95

6.7. Persistenzmodell (Worm-like chain)

6.7.1. Knäuelmoleküle mit einfacher Krümmungspersistenz

Für die Berechnung der innermolekularen Abstandsfunktionen ist es einfacher, wenn man das Molekül durch ein stetiges Modell annähert. Nach *Porod* kann man einen stetig gekrümmten, unendlich dünnen Faden durch Angabe seiner mittleren Krümmungstendenz beschreiben. Als Maß dazu dient die *Persistenzlänge*. Es ist dies die Länge des Fadens zwischen zwei Punkten, in denen die Fadenachsen einen Winkel α einschließen, dessen $\cos \alpha = 1/e$ ist. Genauso wie das *Kuhn*sche Fadenelement A wird die Persistenzlänge a um so kleiner, je enger das Molekül verknäuelt ist. Die beiden Größen stehen im folgenden einfachen Zusammenhang:

$$A = 2\,a.$$

In einfach gelagerten Fällen kann a mit Hilfe der Röntgen-Kleinwinkel-Streuung direkt bestimmt werden.

6.7.2. Knäuel mit Richtungspersistenz

Bestimmte sterisch regelmäßig aufgebaute, asymmetrische Moleküle haben in ihrer Verknäuelungstendenz auch einen Drall, d. h. sie haben eine Tendenz zur Helixbildung.

Im Unterschied zur einfachen Krümmungspersistenz spricht man hier nach *Kirste* von einer *Richtungspersistenz*. Der in 6.3. (Abb. 33) definierte Azimutwinkel ψ hat bei Rechtshändigkeit der Krümmung im Durchschnitt einen größeren Wert als $\dfrac{\pi}{2}$, bei Linkshändigkeit einen kleineren. Die Funktion $\cos \psi$ (Abb. 34) wird asymmetrisch. In der Knäuelstatistik wirkt sich die Händigkeit (Chiralität) genauso aus wie jede andere Einschränkung der azimutalen Drehbarkeit. Nichtchirale Methoden können zwischen Rechts- und Linksform nicht unterscheiden.

6.8. Struktur geladener Knäuelmoleküle (Polyelektrolyte)

Ladungen auf der Molekülkette wirken aufgrund ihres elektrischen Potentials über das Lösungsmittel hinweg auf andere La-

Berechnung der Ladungsaufweitung mit Hilfe des
Donnan-Gleichgewichts

Man kann die Ladungsaufweitung auch berechnen, indem
man das Knäuelvolumen als eigene Phase betrachtet. Die Molekülladungen ziehen Gegenionen aus der Lösung in das Knäuel-
innere. Dadurch wird die Ladung teilweise abgeschirmt und die
Knäuelaufweitung verringert. Die Ionenkonzentrationsarbeit
wird dadurch geleistet, daß der Knäuel in eine weniger gestreckte, also wahrscheinlichere Form übergeht.

Flory et al. berechneten die Aufweitung für eine Äquivalent-
kugel. Überträgt man die Ergebnisse auf Knäuelmoleküle, ergibt
sich:

$$\frac{\langle h^2 \rangle}{\langle h_0^2 \rangle} = \frac{\langle h_1^2 \rangle}{\langle h_0^2 \rangle} + \left\{ \frac{\nu}{1,16 \langle h^2 \rangle^{3/2} I} + (z^- - z^+) \cdot \left(\frac{\nu}{0,81 \langle h^2 \rangle^{3/2} \cdot I} \right)^2 + \ldots \right\}$$

ν = Zahl der auf dem Molekül befindlichen Ladungen
h = $\quad$ geladenen Molekül
h_1 = Endpunktsabstand im $\{$ ungeladenen Molekül
h_0 = $\quad$ Θ-Zustand
$z^\pm$ = Ladungszahl der positiven/negativen Gegen/Co-Ionen

6.9. Strukturbildung bei Copolymermolekülen

Bei Copolymeren werden entsprechend der Anzahl verschiedener Komponenten noch mehr zwischenmolekulare Energien
wirksam. In Abb. 38 werden die schon bei einem einfachen bi-

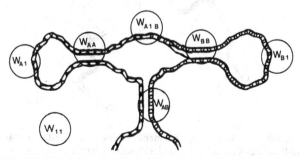

Abb. 38. Wechselwirkungskräfte in Lösungen von Copolymermolekülen.

nären Copolymeren des Typs P (A — co — B) auftretenden Wechselkräfte schematisch dargestellt. Die Kräfte W_{1A}, W_{1AB}, W_{1B} wirken solvatisierend, die Kräfte W_{AA}, W_{AB}, W_{BB} und W_{11} desolvatisierend. Lösung ist nur dann möglich, wenn die solvatisierenden Einflüsse insgesamt überwiegen. Da aber die Solvatationstendenz eines Lösers gegenüber chemisch unterschiedlichen Segmenten A und B verschieden ist, kommt es in den meisten Fällen zu einer präferentiellen Solvatation. Dadurch wird die Struktur flexibler Knäuel stark beeinflußt. Werden z. B. Segmente der Sorte A besonders gut solvatisiert, faltet sich die Molekülkette so, daß die Segmente A nach außen, die Segmente B nach innen zu liegen kommen. Das Molekül ist dann insgesamt kompakter als bei gleichmäßiger Solvatation, ist aber trotzdem gut gelöst.

Eine Annäherung der schlecht solvatisierten Segmente B ist auch intermolekular möglich. Dadurch können sich relativ sta-

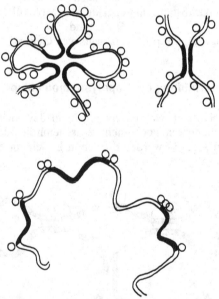

Abb. 39. Oben: präferentielle Segmentsolvatation begünstigt intra- und intermolekulare Kontakte der schlecht solvatisierten Segmente. Unten: präferentielle Fremdkontaktsolvatation weitet den Molekülknäuel auf.

bile Molekülassoziate bilden. Die assoziierte Form steht mit der molekulardispersen in einem konzentrationsabhängigen Gleichgewicht (siehe Abb. 39). Allerdings ist der Übergang von einer in die andere Form durch eine hohe freie Übergangsaktivierungsenergie behindert. Diese Behinderung beruht darauf, daß bei dem Übergang eine völlige Umstrukturierung des Einzelmoleküls erforderlich wird.

Die präferentielle Segmentsolvatation ist der wichtigste Faktor für die Strukturbildung in makromolekularen Lösungen. Von diesem Prinzip hat auch die biologische Evolution Gebrauch gemacht, die mit Hilfe von codierten Copolymeren komplizierte, katalytisch wirksame räumliche Molekülstrukturen aufgebaut hat. Zur Stabilisierung solcher Strukturen werden bei Biopolymeren allerdings häufig die stärksten Nebenvalenzkräfte, die Wasserstoffbrückenbindungen, herangezogen. Im Unterschied zur präferentiellen Segmentsolvatation wirkt eine gleichmäßige Solvatation der Bausteine A und B oder eine präferentielle Solvatation der Kontaktstellen zwischen A und B (präferentielle Fremdkontaktsolvatation) nicht strukturbildend, sondern lediglich im Sinne einer größeren Knäuelaufweitung (Abb. 39). Auch im Festzustand wirken bei Copolymeren die verschiedenen auftretenden Wechselwirkungskräfte strukturbildend. Dies gilt sowohl für die Form der Einzelmoleküle als auch für die übermolekulare Struktur (Textur) des Polymeren.

7. Eigenschaften von Polymerlösungen

7.1. Kolligative Eigenschaften

Unter kolligativen Eigenschaften einer Lösung versteht man jene, die in erster Linie von der Zahl der gelösten Moleküle und nicht direkt von deren Größe abhängen. Makromoleküle sind allerdings so groß, daß ihre Lösungen nie als rein kolligativ betrachtet werden können.

Die Aktivität der Moleküle des Lösungsmittels wird in einer Lösung durch die Anwesenheit des Gelösten verringert, dies wirkt sich besonders in zwei Eigenschaften aus: dem Dampfdruck und dem osmotischen Druck.

7.1.1. Dampfdruckerniedrigung

Wie in Abb. 40 schematisch in einem Gittermodell gezeigt, wird eine Anzahl von Plätzen in der Lösung anstatt von Lösungsmittelmolekülen durch Moleküle des Gelösten belegt. Bei niedermolekularen Lösungen ist die Zahl der Plätze, die an der Oberfläche der Lösung blockiert wird, proportional der Zahl der gelösten Moleküle (bei Gleichverteilung der Moleküle in allen Flüssigkeitsschichten). Daher ist die relative Dampfdruck-

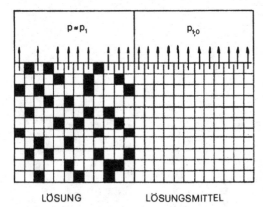

LÖSUNG   LÖSUNGSMITTEL

Abb. 40. Zur Dampfdruckerniedrigung in Lösungen.

erniedrigung proportional der Molarität der Lösung. Für die Gültigkeit dieses (*Raoult*schen) Gesetzes müssen folgende Voraussetzungen erfüllt sein:

1. Teilchen des Lösungsmittels und des Gelösten gleich groß,
2. Gelöstes trägt zum Dampfdruck nichts bei,
3. keine Beeinflussung der Kohäsion des Lösungsmittels durch das Gelöste.

Das *Raoult*sche Gesetz gilt demnach streng nur für ideale Lösungen. Es läßt sich direkt aus Abb. 41 ablesen, welche den Dampfdruck der Lösung als additive Funktion der Zusammensetzung darstellt.
Es ergibt sich:

$$\Delta p = p_1^0 x_1$$

$p_1^0 = $ Dampfdruck des reinen Lösungsmittels, $x = $ Molenbruch.

Für reale, insbesondere für makromolekulare Lösungen müßte man anstelle der dem Molenbruch proportionalen Konzentration die Aktivität a_1 verwenden.

$$a_1 = \gamma_1 \cdot c_1 \qquad c_1 = \frac{n_1 M_1}{n_1 \bar{V}_1 + n_2 \bar{V}_2}$$

$$a_1 = f_1 \cdot x_1$$

$n = $ Molzahl, $\gamma = $ Aktivitätskoeffizient der Konzentration, $f = $ Aktivitätskoeffizient des Molenbruchs.

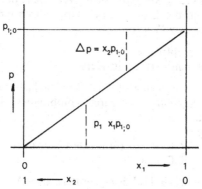

Abb. 41. Skizze zur Ableitung des *Raoult*schen Gesetzes.

Aus der Dampfdruckerniedrigung lassen sich auch die ebenfalls kolligativen Eigenschaften der

Siedepunktserhöhung und *Gefrierpunktserniedrigung*

ableiten. Alle drei Größen sind für ideale Lösungen proportional der Teilchenzahl des Gelösten. Die Effekte sinken aber bei gegebener Massenkonzentration mit steigendem Molekulargewicht (n = m/M) und sind daher bei makromolekularen Lösungen meist zu klein, um genau bestimmt werden zu können.

7.1.2. Osmotischer Druck

Bringt man eine Lösung entweder über die Dampfphase oder über eine nur für Lösungsmittelmoleküle durchlässige (semipermeable) Wand mit seinem Lösungsmittel in Kontakt (Abb. 42), verdünnt sie sich. Dies beruht auf der Tendenz der gelösten Teilchen, einen möglichst großen Abstand zueinander einzunehmen (ihre Entropie zu erhöhen). Per analogiam mit dem entsprechenden Verhalten von Gasmolekülen, spricht man vom *osmotischen Druck* der Lösung. Da man selbst kleine Drucke sehr genau messen kann, ist dies eine Größe, die auch in makromolekularen Lösungen leicht bestimmbar ist.

Osmotischer Druck idealer Lösungen:

Zur Ableitung der Formeln für den osmotischen Druck macht man folgendes Gedankenexperiment (vergleiche dazu Abb. 42):
Man verdünnt die Lösung durch Überführen eines Mols Lösungsmittel auf zwei Wegen:

1. über die Dampfphase,
2. durch eine semipermeable Wand.

Bei isothermer Führung ist der Wärmebedarf auf beiden Wegen gleich (sonst könnte man durch Kombination ein perpetuum mobile konstruieren).
Für Weg 1 gilt

$$\mu_1 = R\,T \cdot \ln x_1 \quad \text{für ideale Lösungen bzw.}$$
allgemein $\quad \mu_1 = R\,T \cdot \ln a_1$

x_1 = Molenbruch des Lösungsmittels, a_1 = Aktivität des Lösungsmittels, μ = chemisches Potential.

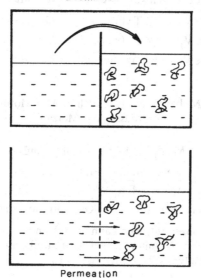

Destillation

Permeation

Abb. 42. Zur Berechnung des osmotischen Drucks. Unten: Lösungsmittelüberführung durch eine semipermeable Membran; oben: Lösungsmittelüberführung durch isotherme Destillation.

Die Arbeit, die die Lösungsmittelmoleküle beim Durchtritt durch die semipermeable Membran (Weg 2) leisten müssen, kann als Volumenarbeit gegen den osmotischen Druck aufgefaßt werden $- \pi \varDelta v_1$. Beim Übergang von einem Mol wird das Volumen gerade um das partielle Molvolumen $\bar{V}_1$ vergrößert.

Die reversible Arbeit A_{rev} kann außerdem aus dem Entropiegewinn berechnet werden:

$$A_{rev} = T \, \overline{\varDelta S_1}$$

$\overline{\varDelta S_1}$ = partielle Verdünnungsentropie des Lösungsmittels.

Daraus ergibt sich für die osmotische Arbeit

$$- \pi \bar{V}_1 = T \cdot \overline{\varDelta S_1} = R \, T \cdot \ln a_1$$

$\bar{V}_1$ = partielles Molvolumen des Lösungsmittels.

Für ideale Lösungen kann die Formel vereinfacht werden

$$\pi \, \bar{V}_1 = - \, R\,T \cdot \ln x_1 = - \, R\,T \cdot \ln (1 - x_2)$$

$$\pi \, \bar{V}_1 = + \, R\,T \cdot (x_2 + x_2^2/2 + x_2^3/3 + \ldots).$$

Für extreme Verdünnung kann man schreiben:

$$\pi \, \bar{V}_1 = R\,T \cdot x_2$$

V = Molvolumen, d = Dichte, M = Molmasse,
m = Masse, n = Molzahl.

oder mit

$$\bar{V}_1 \approx V_1 = M_1/d_1 \quad \text{und} \quad M_1 \, n_1 = m_1 \quad \text{und} \quad c_2 = m_2/v$$

$$\frac{\pi}{R\,T} = \frac{d_1 \, x_2}{M_1} = \frac{d_1 \, n_1}{M_1 \, n} \approx \frac{d_1 \, n_2}{M_1 \, n_1} \approx \frac{n_2}{v_1} \approx \frac{n_2}{v} \approx \frac{c_2}{M_2}$$

R = allg. Gaskonstante, c_2 = Konzentration an Gelöstem.

Höheren Konzentrationen kann man dann mit einer einfachen Potenzreihe in c Rechnung tragen (Virialreihe mit empirischen Virialkoeffizienten A_1 (= $1/M_2$), A_2, ...)

$$\frac{\pi}{c\,R\,T} = \frac{1}{M_2} + A_2 \, c_2 + A_3 \, c_2^3 + \ldots$$

Osmotischer Druck realer, makromolekularer Lösungen

Um den osmotischen Druck zu berechnen, betrachten wir wieder die Energie, die beim Übergang von ein Mol Lösungsmittel in die Lösung frei wird. Diese ist gleich dem chemischen Potential, für das wir das aus der *Flory-Huggins*-Theorie erhaltene μ_1 ansetzen können $\left(\mu_1 = \overline{\varDelta G}_{\text{mix}} = \dfrac{\partial \varDelta G_{\text{mix}}}{\varphi \, n_1} \right)$

$$- \pi \, \bar{V}_1 = \mu_1 = R\,T \cdot \ln a_1 = - \, R\,T \left[\frac{\bar{V}_1}{\bar{V}_2} \, 2 + (0{,}5 - \chi) \, \varphi_2^2 + \ldots \right]$$

$$\frac{\pi}{\varphi_2 \, R\,T} = \frac{1}{\bar{V}_2} + \frac{1}{\bar{V}_1} \, (0{,}5 - \chi) \cdot \varphi_2 + \ldots$$

χ = *Flory*-Wechselwirkungsparameter.

φ_2 kann man in c_2 umrechnen. Es besteht der Zusammenhang

$$\varphi_2 = \frac{c_2 \, \bar{V}_2}{M_2}$$

$$\frac{\pi}{c_2\,R\,T} = \frac{\bar{V}_2}{M_2}\left[\frac{1}{\bar{V}_1} + (0{,}5 - \chi)\,\varphi_2 + \ldots\right]$$

$$= \frac{1}{M_2} + \frac{\bar{V}_2}{\bar{V}_1\,M_2}\,(0{,}5 - \chi)\cdot\varphi_2\ldots$$

$$= \frac{1}{M_2} + \frac{\bar{V}_2^2}{M_2^2\,\bar{V}_1^2}\,(0{,}5 - \chi)\cdot c_2 + \ldots$$

$$d = \text{Dichte.}$$

Damit ergibt sich für den osmotischen Druck der Lösung

$$\frac{\pi}{c_2\,R\,T} = \frac{1}{M_2} + \frac{\bar{d}_1}{\bar{d}_2^2\cdot M_1}\,(0{,}5 - \chi)\cdot c_2 + \ldots$$

Zweiter Virialkoeffizient des osmotischen Drucks

Durch Vergleich der beiden Reihenformeln für den osmotischen Druck findet man:

$$A_2 = \frac{\bar{d}_1}{\bar{d}_2}\cdot\frac{0{,}5 - \chi}{M_1} = \frac{\bar{V}_2^2}{M_2^2}\cdot\frac{0{,}5 - \chi}{\bar{V}_1}.$$

A_2 beschreibt die Konzentrationsabhängigkeit des osmotischen Drucks (Abb. 43).

Die Steigung der Funktion verschwindet für $\chi = 0$ (athermische Lösung) nicht! Die Mischungsentropie weicht nämlich von der idealen Mischungsentropie um so mehr ab, je größer der

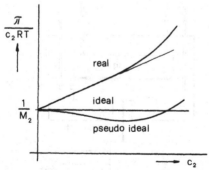

Abb. 43. Konzentrationsabhängigkeit des reduzierten osmotischen Drucks. A_2 = zweiter Virialkoeffizient, M_2 = Molmasse des Gelösten.

Volumenbedarf der Polymersegmente ist. Dieses Volumen ist für andere Segmente ausgeschlossen und heißt „*ausgeschlossenes Volumen*". Dieses ist auch für die Knäuelaufweitung verantwortlich, seine Wirkung wird durch die 2-2-Anziehungskräfte vermindert (W_{22} oder χ).

Das ausgeschlossene Volumen V_a wird folgendermaßen definiert:

$$V_a = \bar{V}_2^2/\bar{V}_1.$$

Für athermische Lösungen gilt dann:

$$A_2 = V_a/2\, M^2.$$

Diese für ideale Lösungen abgeleitete Formel wird formal auch für reale Lösungen verwendet, dann ist jedoch V_a von χ abhängig.

7.1.3. Messung des osmotischen Drucks

7.1.3.1. *Membranosmometrie* (siehe Abb. 44)

Lösung und Lösungsmittel sind durch eine semipermeable, nur für Lösungsmittelmoleküle durchlässige Membran getrennt. Der sich einstellende Differenzdruck wird entweder elektronisch oder über ein Flüssigkeitsmanometer gemessen. Zur Einstellung des Gleichgewichts ist eine gewisse Zeit erforderlich, weil die Moleküle durch die Membran diffundieren müssen.

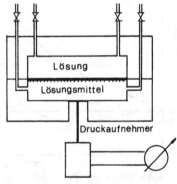

Abb. 44. Schema eines Membranosmometers.

Die Membran muß im Gelgleichgewicht mit dem Lösungsmittel stehen (voll gequollen).

Die Methode eignet sich am besten für mittelgroße Moleküle. Bei zu hohem Molekulargewicht werden die Meßeffekte unmeßbar klein. Andererseits ist es sehr schwer, für kleine Moleküle (Oligomere) brauchbare Membranen mit genügend enger Porenweite zu finden. Normaler Meßbereich: $10^4 < M_n < 10^6$; erhaltener Mittelwert: *Zahlenmittel* des Molekulargewichts.

7.1.3.2. *Dampfdruckosmometrie* (siehe Abb. 45)

In einem mit Lösungsmitteldampf gesättigten, geschlossenen Raum bringt man einen Tropfen Lösung. Aufgrund des niedrigeren Dampfdrucks (*Raoult*sches Gesetz) kondensiert darauf Lösungsmitteldampf, und die Probe erwärmt sich etwas durch die freiwerdende Kondensationswärme (Gesetz von *Clausius-Clapeyron*). Die differentielle Erwärmung ist proportional der Dampfdruckerniedrigung und damit der molaren Konzentration der Lösung. Sie wird mit Hilfe eines empfindlichen Thermoelements, auf dem der Probentropfen sitzt, gemessen. Die ganze Meßanordnung wird mit einer niedermolekularen Probe bekannten Molekulargewichts geeicht. Die Methode kann auf alle nicht flüchtigen, gelösten Stoffe angewandt werden und ist daher auch für niedermolekulare Proben geeignet. Kleine Verunreinigungen stören aus demselben Grunde sehr.

Bei hohen Molekulargewichten versagt die Methode, weil die Meßeffekte zu klein werden. Praktisch liegt die obere Meßbarkeitsgrenze bei einem Molekulargewicht von ca. 20 000.

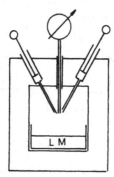

Abb. 45. Schema eines Dampfdruckosmometers.

7.2. Transporteigenschaften

Wirkt auf eine Komponente in einem Mehrkomponenten-system ein Potential, werden Spannungen erzeugt, die in Flüssigkeiten zum Fließen führen. Der dabei erzeugte Materiestrom J (die pro Zeiteinheit durch ein auf die Fließrichtung senkrecht stehendes Flächenelement transportierte Masse) ist dem Potentialgefälle proportional

$$J_x = - L_{11} \frac{\partial U}{\partial x}, \quad J_x = \frac{\partial m}{\partial x}.$$

J_x = Materiestrom in x-Richtung,
L = phänomenologischer Koeffizient (die Indices geben die Richtung des Stroms und des Potentialgefälles an).

Kann sich der Strom nicht unbehindert fortbewegen, kommt es zu einer Änderung der Stromstärke in Fließrichtung, wodurch die Dichte der transportierten Teilchen (Konzentration) variabel wird:

$$\frac{\partial J_x}{\partial x} = - \frac{\partial c}{\partial t}.$$

Aus Abb. 46 ergibt sich anschaulich

$$J_x = v_x \cdot c$$

v_x = Teilchengeschwindigkeit in x-Richtung.

Daraus folgt:

$$v_x \cdot c = - L_{11} \frac{\partial U}{\partial x}.$$

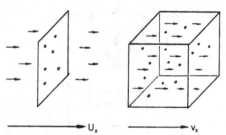

Abb. 46. Teilchentransport in Lösung.

Die Kraft, die das Potentialgefälle auf ein Teilchen ausübt, entspricht

$$F_x = \frac{\partial U}{\partial x}.$$

Dadurch werden die Teilchen so lange beschleunigt, bis der Reibungswiderstand im Medium dem Betrag nach gleich groß geworden ist wie die treibende Kraft. Dann stellt sich *stationäres Fließen* ein. Für dieses gilt

$$F_r = - v \cdot f_r$$

f_r = Reibungskoeffizient, F_r = Reibungskraft.

Aus den genannten Beziehungen läßt sich ein einfacher Zusammenhang zwischen dem phänomenologischen Koeffizienten und dem Reibungsfaktor herleiten:

$$L_{11} = \frac{c}{N_L \cdot f_r}.$$

Der Reibungsfaktor hängt nur von der geometrischen Form der wandernden Teilchen ab!

Tabelle 14. Reibungsfaktoren f_r für verschiedene Teilchensorten.

Teilchengestalt	f_r
Kugel	$6 \pi \eta_1 r$ *Stoke*sches Gesetz
Prolates Rotationsellipsoid $a/b = p$	$6 \pi \eta_1 \dfrac{b \cdot l}{\ln (1 - l)}$ $\quad l = p (1 - p^{-2})^{1/2}$
Knäuelmolekül N = Segmentzahl	$6 \pi \eta_1 \dfrac{N \cdot b}{1 + N b/R_0'}$ $\quad R_0' = 0{,}27 \cdot \langle h_e^2 \rangle^{1/2}$

Je nachdem, welches Potentialfeld angelegt wird, werden verschiedene Eigenschaften, in denen sich die gelösten Teilchen vom Lösungsmittel unterscheiden, betroffen. Es gibt eine Reihe verschiedener Methoden, die Transporteigenschaften zu messen:

111

Tabelle 15. Meßmethoden für verschiedene Transporteigenschaften

Angelegtes Feld	Kontrasteigenschaft	Methode
Gravitations-	Dichte	Sedimentation
Zentrifugal-	Dichte	Ultrasedimentation
Konzentration	chem. Potential	Diffusion
Temperatur	Teilchenmasse	Thermodiffusion
Elektrisches Feld	Nettoladung	Elektrophorese
Scherfeld	Teilchengröße	Rheologie
Druck	Teilchengröße	Permeation (Ultrafiltration)

7.2.1. Diffusion

Bringt man zwei Lösungen verschiedener Konzentration miteinander in Kontakt, kommt es aufgrund ihres verschiedenen chemischen Potentials zu einem Stofftransport, der nach längerer Zeit zum Konzentrationsausgleich führt. Bei der Diffusionsmessung mißt man die *Transportgeschwindigkeit* unmittelbar nach Herstellung des Kontakts.

Gegenüber dem reinen Lösungsmittel hat eine Lösung das chemische Potential

$$\Delta\mu_1 = R\,T \cdot \ln a_2 = R\,T \cdot \ln \gamma_2\,c_2$$

(a_2 = Aktivität des Gelösten, γ = Aktivitätskoeffizient)

Setzt man diesen Ausdruck in die angegebenen Differentialgleichungen ein, erhält man das

2. *Fick*sche Gesetz $\dfrac{\partial c_2}{\partial t} = D \cdot \dfrac{\partial^2 c_2}{\partial x^2}$.

$D = R\,T/N_L\,f_r$ heißt Diffusionskonstante

(f_r = Reibungskoeffizient, x = Transportrichtung)

Lösung dieser Differentialgleichung liefert die zeitliche Änderung des Konzentrationsverlaufs

$$\frac{\partial c_2}{\partial x} = \frac{c_{2,0}}{2\sqrt{\pi\,D\,t}}\,\exp\left(-\,x^2/4\,D\,t\right).$$

Man mißt $\partial c_2/\partial x$ in einer Diffusions- oder Zentrifugenzelle, indem man z. B. den Verlauf des Brechungsindex abtastet. Man

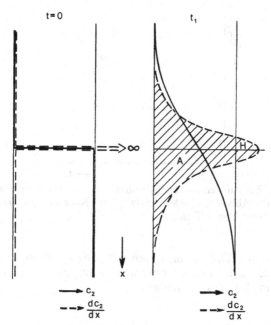

Abb. 47. Konzentrationsverlauf in einer Diffusionszelle; links: zu Beginn der Messung, rechts: zur Zeit t.

erhält dann einen der Konzentration proportionalen Meßwert (ausgezogene Kurve in Abb. 47). Mit Hilfe einer Schlierenoptik kann man direkt den Konzentrationsgradienten $\frac{\partial c}{\partial x}$ (gestrichelte Kurve in Abb. 47) sichtbar machen. Das Meßsignal kann dann leicht nach folgender Formel, die man nach Integration obiger Gleichung erhält, ausgewertet werden

$$\left(\frac{A}{H}\right)^2 = 4 \, \pi \, D \, t$$

A = Fläche unterhalb der Kurve $\frac{\partial c_2}{\partial x}$ entspricht $\int\limits_0^\infty \frac{dc_2}{dx} \, dx = c_2$

$$H = \text{maximales} \, \frac{\partial c_2}{\partial x}.$$

(Auswertung siehe Abb. 48).

113

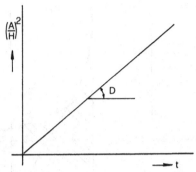

Abb. 48. Zur Auswertung der Diffusionsmessung; A = Fläche unter der Meßkurve (Abb. 47), H = Maximalwert des Konzentrationsgradienten, t = Meßdauer, D = Diffusionskonstante.

Kennt man D, kann man auch mit Hilfe des Reibungsfaktors die Teilchendimensionen errechnen, wenn man weiß, um welchen Gestaltstyp es sich handelt.

7.2.2. Permeation

Eine besondere Art von Transportvorgang stellt die Wanderung von Molekülen durch poröse, aber feste Medien dar. Das Wandern kann dabei entweder durch ein Konzentrationsgefälle oder durch ein Druckgefälle hervorgerufen werden. Die treibende Kraft eines Konzentrationsgefälles nützt z. B. die *Gelpermeationschromatographie* (GPC) aus, mit mechanischem Druck arbeitet man bei der Methode der *Ultrafiltration* und der *Reversosmose*.

Gelpermeationschromatographie (GPC)

Die GPC-Methode verwendet als poröses Trennmaterial weitmaschig vernetzte, unlösliche aber gut solvatisierte Polymere (Gele). Die chemische Natur des Polymeren spielt nur eine untergeordnete Rolle, wichtig ist nur die Netzwerkstruktur des Gels (Größe und Größenverteilung der „Poren"). Praktisch arbeitet man mit Gelperlen, die in ein Lösungsmittel enthaltendes Trennrohr gefüllt werden. Pumpt man durch eine solche Trenn-

114

säule langsam eine Lösung mit Makromolekülen, so werden diese Makromoleküle beim Vorbeiströmen langsam mehr oder weniger weit in die Gelperlen eindiffundieren, und zwar können kleine Moleküle weiter in das Maschenwerk der ruhenden Gelteilchen (stationäre Phase) vordringen als die größeren. Das gequollene Gel nimmt so lange Makromoleküle auf, als deren Konzentration im Inneren niedriger ist als in der umgebenden Lösung. Spült man anschließend mit reinem Lösungsmittel nach, kehrt sich die Diffusion um, und die Makromoleküle verlassen das Gel wieder (Elution), wobei die weniger tief eingedrungenen größten Makromoleküle wieder zuerst in der Lösung erscheinen.

Der verzögernde Effekt in einer GPC-Trennsäule ist also um so größer, je kleiner die Moleküle sind. Als Trenneigenschaft wirkt direkt das Knäuelvolumen, nicht die Molmasse. Trotzdem kann man die Verzögerungszeit (bzw. das ihr entsprechende Elutionsvolumen V_e) als relatives Maß für die Molmasse benutzen. Die Elutionscharakteristik (V_e als Funktion von M) muß für jedes System Gel−Lösungsmittel−Polymer gesondert bestimmt und geeicht werden. Vergleiche verschiedener Lösungsmittel-Polymer-Systeme sind möglich, wenn man statt M die Knäueldichte (als Maß dafür kann der *Staudinger*-Index [η] verwendet werden) betrachtet.

Nicht in der Molmassenbestimmung liegt die Stärke der GPC-Methode, sondern mit ihr kann man verschiedene Molekülgrößen nicht nur messen, sondern auch präparativ trennen. An einem polydispersen Präparat erhält man eine Elutionskurve (Konzentration des Polymeren im Eluat als Funktion des Elutionsvolumens), die einer (verzerrten) Gewichtsverteilung der Molmasse entspricht

$$V_e = f\,([\eta]) = g\,(M)$$
$$c_i = h\,(w_i)$$

f, g, h = Funktionen, i = Fraktionsnummer,
c_i = Konzentration der i-ten Fraktion.

Bei der *Ultrafiltration* wird eine Polymerlösung durch eine Membran mit entsprechender Porengröße gepreßt, die nur für Moleküle durchlässig ist, die eine bestimmte Größe nicht überschreiten.

Weder die GPC-Methode noch die Ultrafiltration liefert ganz scharfe makromolekulare Fraktionen, da das Trennmedium nicht vollkommen einheitlich sein kann und auch molekular einheitliche Fraktionen in bezug auf das Knäuelvolumen nicht einheitlich sind.

7.2.3. Sedimentation

Sind die in einer Lösung gelösten Moleküle schwerer als die Lösungsmittelmoleküle, tendieren sie dazu, abzusedimentieren, sind sie leichter, sich an der Flüssigkeitsoberfläche anzusammeln (zu flottieren). Die thermische Bewegung wirkt diesen Entmischungstendenzen entgegen, so daß eine Ausbildung eines Konzentrationsgradienten normalerweise nur beobachtet werden kann, wenn einer der Faktoren: Dichteunterschied, Molekülmasse oder Schwerefeld besonders groß ist. Im Schwerefeld der Erde sedimentieren zumeist nur Kolloide von Partikelgrößen über 1 μm und Makromoleküle in der Nähe des kritischen Punkts, wo sich große Assoziate bilden können.

In der *Ultrazentrifuge*, in der Schwerefelder (Zentrifugalfelder) bis zu $4 \cdot 10^5$ g erzeugt werden können, lassen sich in geeigneten Lösungsmitteln alle Makromoleküle zur Sedimentation bringen. Der sich ausbildende Konzentrationsgradient kann mit einer Schlierenoptik direkt sichtbar gemacht werden.

Der Potentialkraft F_Z

$$F_Z = \frac{\partial u}{\partial r} = w^2 \cdot r \cdot m \left(1 - \bar{V}_2 \, d_1\right)$$

r = Radius zur Zentrifugenachse, w = Winkelgeschwindigkeit des Rotors, m = Teilchenmasse, $\bar{V}_2$ = partielles spezifisches Volumen des Gelösten, d_1 = Dichte des Lösungsmittels

wirkt beim Sedimentieren der Teilchen die Reibungskraft F_r entgegen

$$F_r = - f_r \frac{\partial r}{\partial t}$$

f_r = Reibungsfaktor, $\frac{\partial r}{\partial t}$ = Sedimentationsgeschwindigkeit.

Nach anfänglicher Beschleunigung wird die Sedimentationsgeschwindigkeit $\frac{\partial r}{\partial t}$ konstant. In dieser „stationären Phase" ist sie ein Maß für die reduzierte Teilchenmasse und den Reibungsfaktor. Die auf die Zentrifugalbeschleunigung bezogene Sedimentationsgeschwindigkeit heißt *Sedimentationskonstante S* und wird in Einheiten von 10^{-13} s $= 1$ *Svedberg* (1 S) angegeben

$$S = \frac{\dfrac{\partial r}{\partial t}}{\omega^2 \, r} = \frac{M_2 \, (1 - \bar{V}_2 \, d_1)}{N_L \cdot f_r}$$

$M_2 =$ Molmasse des Gelösten.

Die gemessene Sedimentationskonstante ist konzentrationsabhängig. Um einen für die gelösten Einzelteilchen charakteristischen Wert zu erhalten, müssen die Meßwerte auf verschwindende Konzentration extrapoliert werden

$$S_0 = \lim_{c \to 0} S.$$

Kenntnis der Sedimentationskonstante S_0 allein genügt nicht zur Berechnung der Molmasse, zusätzlich müssen das partielle spezifische Volumen $\bar{V}_2$ und der Reibungsfaktor f_r bekannt sein. f_r kann, wenn der Gestaltstyp der Teilchen bekannt ist, theoretisch berechnet, durch Eichung mit bekannten Molekülen bestimmt oder mit anderen transportanalytischen Methoden ermittelt werden.

Am einfachsten ist die Kombination mit einer Diffusionsmessung, die ebenfalls den translatorischen Reibungskoeffizienten f_r liefert und gleichzeitig mit der Sedimentationsmessung in der Ultrazentrifugenzelle durchgeführt werden kann. Die Molmasse berechnet sich dann zu

$$M_2 = \frac{R \, T}{(1 - \bar{V}_2 \, d_1)} \cdot \frac{S_0}{D_0}$$

$$S_0 = \lim_{c \to 0} S \qquad D_0 = \lim_{c \to 0} D.$$

Der Konzentrationsverlauf in der Zentrifugenzelle ist in Abb. 49 dargestellt. Gleichen sich alle gelösten Teilchen hinsichtlich Masse, Größe und Form (momodisperse Lösung), sedimentieren sie gleich schnell, so daß eine immer tiefer werdende polymerfreie Zone an der Zellenoberfläche entsteht. Erst am Zellenboden (in Rotor außen) kommt es zu einem Teilchenstau und zu einem Ansteigen der Konzentration. Der anfangs sprunghafte Anstieg in der Sedimentationszone flacht sich durch die

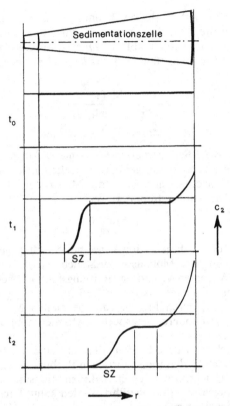

Abb. 49. Konzentrationsverlauf in einer Zentrifugenzelle in Radialrichtung r; oben: zu Beginn der Messung, Mitte: zum Zeitpunkt t_1, unten: zum Zeitpunkt $t_2 > t_1$.
Die Abnahme des Absolutwerts der Konzentration ergibt sich aus der Sektorform der Zelle.

gleichzeitig stattfindende Teilchendiffusion ab. Aus der Geschwindigkeit, mit der der Konzentrationsgradient sinkt, kann die Diffusionskonstante bestimmt werden.

Läßt man die Sedimentation lange genug ablaufen, verschwindet allmählich die Zone konstanter Konzentration, und es bildet sich in der ganzen Zelle eine Teilchenatmosphäre aus, deren Dichte in Richtung Schwerefeld entsprechend der barometrischen Höhenformel zunimmt. Die Halbwertshöhe dieser Teilchenatmosphäre ist nur von der um den Auftrieb reduzierten Teilchenmasse abhängig. Da es sich um keinen dynamischen, sondern einen statischen Vorgang handelt, spielt der Reibungsfaktor und daher auch die Größe und Gestalt der Teilchen keine Rolle bei der Messung. Die eigentliche Messung erfolgt hier im statischen Konzentrationsgleichgewicht, man spricht daher von einem „Gleichgewichtslauf" der Ultrazentrifuge.

Uneinheitliche Polymere sedimentieren und diffundieren natürlich nicht gleichmäßig. Bei einer einfachen, breiten Molmassenverteilung verschmiert die Sedimentationszone zusätzlich zur normalen Diffusionsverbreiterung. Bei Verteilungsfunktionen mit mehreren deutlich unterschiedenen Maxima (multimodale Verteilungen), die jeweils unterschiedlichen Teilchensorten entsprechen, treten mehrere Sedimentationszonen auf. Dieser Fall tritt häufig bei Präparationen von Biopolymeren auf, die mehrere klar unterscheidbare Teilchensorten enthalten. In präparativen Ultrazentrifugen lassen sich die unterschiedlichen Komponenten abtrennen.

Dichtegradientenzentrifuge: Eine besondere Technik erhöht die Selektivität der Ultrazentrifugenmessung dadurch, daß ein Mischlösungsmittel aus zwei Komponenten unterschiedlicher Dichte verwendet wird, das sich im Zentrifugalfeld partiell entmischt. In der rotierenden Zentrifugenzelle nimmt dann die Lö-

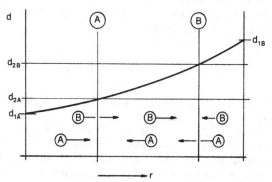

Abb. 50. Dichteverlauf in einem Mischlösungsmittel in einer rotierenden Zentrifugenzelle. Dichte der Lösungsmittelkomponenten d_{1A} und d_{1B}.

sungsmitteldichte von innen nach außen entsprechend der barometrischen Höhenformel zu (siehe Abb. 50). Befindet sich ein
Teilchen an einer Stelle der Lösung, wo die Lösungsdichte größer ist als die wirksame Dichte des Teilchens, flottiert es, die-
jenigen Teilchen, die von einem weniger dichten Lösungsmittel-
gemisch umgeben sind, sedimentieren. Alle Teilchen sammeln
sich schließlich an der Stelle der Zelle, wo die Lösungsmittel-
dichte ihrer eigenen Dichte gleich ist.

7.2.4. Elektrophorese

Unter Elektrophorese versteht man den Transport von Poly-
elektrolytmolekülen in einem Elektrolyten durch Anlegen eines
elektrischen Feldes. Die experimentelle Ausführung kann einerseits ganz analog wie eine Elektrolyse aufgebaut sein, die Elek-
trophoresezelle enthält dann nur die Untersuchungslösung und
die Elektroden. Diese Art der Ausführung nennt man *„träger-
freie Elektrophorese"*. Besser handhabbar ist die Methode, wenn
man die Elektrolytlösung in einem porösen Medium (z. B. Pa-
pier oder weitmaschiges Polymergel) fixiert, diese Form heißt
„Trägerelektrophorese".

Der elektrophoretische Transportprozeß gehorcht ganz analogen Gesetzen wie die Sedimentation (siehe Abschnitt 7.2.3.),
wobei allerdings nicht die Schwerkraft, sondern ein angelegtes
elektrisches Feld die Teilchen antreibt, so daß sie in Richtung
zu den Elektroden wandern. Die treibende Kraft F_+ hängt von
der wirksamen Feldstärke E_+ sowie von der Gesamtladung
(Nettoladung) des Teilchens ab.

$$\vec{F}_+ = \vec{E}_+ \cdot Q_- \qquad \vec{F}_+ = -\vec{E}_+ \, Q_+ \, .$$

Im Gegensatz zur Gravitation kann die elektrische Kraft sowohl anziehen als auch abstoßen.

Die wirksame Feldstärke ist eine Funktion der Elektroden-
spannung, der Geometrie, der Meßanordnung und der Dielektrizitätskonstante des Mediums. Trägt ein Makromolekül viele Ein-
zelladungen, spricht man von einem Polyelektrolyten.

Die Nettoladung der Teilchen hängt von der Zahl der zugänglichen dissoziierbaren Ladungsträger und von deren Dissozia-

tionsgrad ab.

$$Q_+ = n_+ \cdot \alpha_+$$

n_+ = Zahl der zugänglichen kationischen Gruppen,
α_+ = Dissoziationsgrad.

Der Dissoziationsgrad α wird von pH-Wert der Lösung beeinflußt. Demzufolge hängt die Wanderungsgeschwindigkeit stark vom Salzgehalt und dem pH-Wert des Lösungsmittels ab. Wenn alle anderen experimentellen Bedingungen konstant gehalten werden, ist die *elektrophoretische Beweglichkeit* u_+ (die auf das Einheitsfeld bezogene Wanderungsgeschwindigkeit) charakteristisch für jede Teilchensorte. Sie steigt mit dem Absolutwert der Nettoladung und nimmt mit steigender Teilchengröße ab. Die bremsende Reibungskraft ist um so größer, je größer der Reibungsfaktor f_r ist.

7.2.5. Viskosität

Mehr als bei anderen Stoffen spielen bei Polymeren die Fließeigenschaften eine wichtige Rolle. Sowohl Schmelzen als auch Lösungen von makromolekularen Stoffen sind deutlich an ihrer ungewöhnlich hohen Viskosität zu erkennen. Diese Eigenschaft ist sehr wichtig für die technische Verarbeitbarkeit der Stoffe sowie für ihr Verhalten im Gebrauch. Sie ist einfach zu messen und wird daher auch bevorzugt zur physikalischen Charakterisierung der Polymeren benutzt.

7.2.5.1. Grundgrößen zur Beschreibung des Fließens

In einer *laminaren Schichtströmung* bewegen sich benachbarte Flüssigkeitsschichten parallel zueinander mit verschiedenen Geschwindigkeiten, wie in Abb. 51 schematisch dargestellt.

Der Geschwindigkeitsgradient $\dfrac{\partial v_x}{\partial y}$ (Geschwindigkeitsgefälle, Scher-Rate) entspricht der zeitlichen Änderung des Deformationswinkels $\dfrac{\partial \gamma}{\partial t} = \dot{\gamma}$.

Für das an einer bestimmten Stelle der Probe herrschende Geschwindigkeitsgefälle wird meistens das Symbol „q" verwen-

121

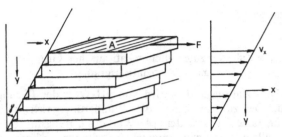

Abb. 51. Ausbildung einer laminaren Schichtströmung beim Fließen.

det. Praktisch gemessene, mittlere Scherraten bezeichnet man dagegen häufig mit „D".

Durch die Kohäsion der Flüssigkeitsteilchen erfolgt eine laterale Impulsübertragung. Es ist also eine Kraft erforderlich, um eine bestimmte Deformationsgeschwindigkeit zu realisieren. Die Flüssigkeitsteilchen wechseln bei der Scherung ihre Plätze (Platzwechseltheorie). Dabei müssen Nebenvalenzbindungen gelöst werden. Die dazu aufgewendete Energie wird beim Einrasten in eine neue Potentialmulde nicht mehr als Bewegungsenergie frei, sondern wird als Wärme dissipiert. Durch die innere Reibung (Viskosität) erwärmt sich die Probe bei Deformation (siehe Abb. 52).

Die pro Flächeneinheit tangential wirkende Kraft wird als *Schubspannung* τ bezeichnet. Sie wird in Pascal (1 Pa = 1 Nm^{-2}) gemessen.

$$\tau = \frac{F}{A} \, Nm^{-2} = Pa = 10 \, dyn \cdot cm^{-2} \, .$$

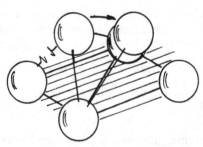

Abb. 52. Platzwechsel eines Moleküls in einer strömenden Flüssigkeit.

Der durch den Impulstransport verursachte innere Deformationswiderstand heißt *Viskosität* η. Sie wird in Pa · s gemessen (alte cgs-Einheit Poise (P))

$$\eta = \frac{d\tau}{dq} \approx \frac{d\tau}{dD} \qquad 1 \text{ Pa} \cdot \text{s} = 10^{-1} \text{ Poise.}$$

Unter *Fließaktivierungsenergie* Q_a versteht man die Energie, die notwendig ist, um ein Mol Platzwechsel in der Flüssigkeit zu bewirken. Je höher die eigene thermische Energie der Flüssigkeitsmolekel ist, desto weniger zusätzliche Energie ist notwendig, um sie aus ihrer Potentialmulde zu heben. Die Viskosität reiner Flüssigkeiten sinkt daher mit steigender Temperatur

$$\eta = A \cdot e^{-\frac{Q_a}{RT}}$$

A = geometrischer Faktor, Q_a = Fließaktivierungsenergie.

7.2.5.2. Viskosität von Lösungen kompakter Teilchen

Große isolierte Fremdteilchen in Flüssigkeiten müssen bei der Deformation der Flüssigkeit umflossen werden (siehe Abb. 53). Dabei werden die mittleren zwei Flüssigkeitsschichten völlig getrennt, während sie beim reinen ungestörten Fließen nur teilweise getrennt zu werden brauchen. Bei einem einfachen Platzwechsel brauchen nicht alle Nebenvalenzbindungen zu den

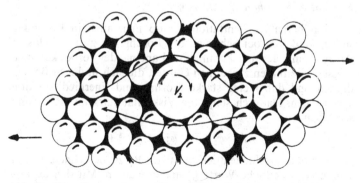

Abb. 53. Umströmung eines großen gelösten Teilchens in einer fließenden Lösung.

Nachbarmolekülen gelöst werden, manche klappen nur um. Die dazu erforderliche Energie ist um einen konstanten Faktor kleiner als bei vollständiger Trennung benachbarter Moleküle.
Viskosität des reinen Lösungsmittels

$$\eta_1 = v_1\, n_p$$

$$n_p = \text{partieller Trennfaktor}$$

Viskosität der Lösung

$$\eta = v_1\, n_p + v_2\, (n_t - n_p)$$

$$n_t = \text{totaler Trennfaktor.}$$

Für die relative Viskositätserhöhung durch die gelösten Teilchen = *spezifische Viskosität* η_{sp} ergibt sich damit

$$\eta_{sp} = \frac{\eta - \eta_1}{\eta_1} = \frac{v_2\, (n_t - n_p)}{v_1\, n_p} = A \cdot \varphi_2$$

1 = Lösungsmittel, 2 = Gelöstes, φ = Volumenbruch, v = Volumen, η_{sp} = spezifische Viskosität der Lösung.

Einstein berechnete den Faktor A auf rein phänomenologische Weise. Er fand A = 2,5 für kugelige Teilchen.
*Einstein*sches Gesetz: (für verdünnte Lösungen kugeliger Teilchen)

$$\eta_{sp} = \frac{\eta - \eta_1}{\eta_1} = 2,5 \cdot \varphi_2.$$

Konzentrationsabhängigkeit von η_{sp}

Bei höheren Konzentrationen muß man auch in Rechnung stellen, daß sich bei Scherung der Lösung die großen gelösten Partikel einander nahekommen und aneinander vorbei kommen müssen. Sie bilden zusammen Cluster, die sich in der Strömung drehen und dabei eine starke Störung und Energiedissipation verursachen. Dadurch steigt die Viskosität stark an. Man kann schreiben

$$\eta_{sp} = A_\eta \cdot \varphi_2 + B_\eta \cdot \varphi_2^2 + C_\eta \cdot \varphi_2^3 + \dots$$

Es wurde verschiedentlich versucht, B_η zu berechnen, wobei sehr unterschiedliche Werte gefunden wurden. Mit den experimentellen Befunden am besten im Einklang stehen Werte von $B_\eta = 4,5$ für Kugeln.

124

7.2.5.3. Grenzviskositätszahl = Staudinger-Index [η]

Um eine für die gelösten Teilchen charakteristische Größe zu erhalten, dividiert man η_{sp} durch die Konzentration und erhält damit die reduzierte Viskosität η_{red}. Diese ist bei Kugellösungen eine einfache Funktion der Teilchendichte.

$$\eta_{red} = \frac{\eta_{sp}}{c_2}.$$

Für unendlich verdünnte Kugellösungen gilt

$$\eta_{red} = \frac{2,5}{\bar{d}_2} \approx \frac{2,5}{d_2} = [\eta]\ cm^3\ g^{-1}$$

[η] *Staudinger*-Index Grenzviskositätszahl (GVZ)

Für endliche Konzentrationen wurde von *Huggins* eine der erweiterten *Einstein*-Gleichung äquivalente Reihenentwicklung vorgeschlagen:

$$\eta_{red} = [\eta] + k_H\ \eta^2\ c_2 + l_H\ \eta^3 c_2^2 + \dots$$

Bestimmt man die GVZ für nicht kugelige Teilchen, erhält man nicht die tatsächliche Teilchendichte, sondern die Dichte, die Kugeln haben müßten, um dieselbe Viskositätserhöhung hervorzurufen. Diese nennt man *Äquivalentdichte* d_e.

Bestimmung des Staudinger-Index

Man mißt in einem Viskosimeter unter gleicher Scherspannung bzw. unter gleicher Scherrate die Viskosität von Lösung und Lösungsmittel. Man trägt die für Lösungen verschiedener

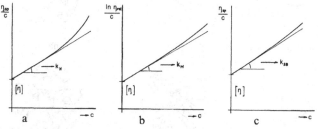

Abb. 54. Auftragungen zur Ermittlung des *Staudinger*-Index; a) nach *Huggins*, b) nach *Krämer*, c) nach *Schulz-Blaschke*.

Konzentration erhaltenen η_{red} gegen die Konzentration auf und extrapoliert auf verschwindende Konzentration. Für die Extrapolation benutzt man meistens entweder eine Auftragung η_{red} vs. c (Abb. 54a), $\frac{1}{c} \cdot \ln(\eta/\eta_1)$ vs. c (Abb. 54b) oder η_{red} vs. η_{sp} (Abb. 54c).

[η] ergibt sich jeweils als Grenzwert

$$[\eta] = \lim_{c \to 0} \eta_{red}.$$

Verschiedene Beziehungen für die Konzentrationsabhängigkeit von η

Huggins $\qquad \eta_{red} = [\eta] + [\eta]^2\, k_H \cdot c + \dots$

Martins $\qquad \lg \eta_{red} = \lg [\eta] + [\eta] \cdot k_M \cdot c + \dots$

Krämer $\qquad \dfrac{\ln \eta_{red}}{c} = [\eta] + k_K\, [\eta]^2 \cdot c + \dots$

Schulz-Blaschke $\qquad \eta_{red} = [\eta] + k_{SB} \cdot [\eta]\, \eta_{sp} + \dots$

7.2.5.4. Informationsinhalt des Staudinger-Index

Bei Kugellösungen liefert der *Staudinger*-Index die hydrodynamisch wirksame Dichte der gelösten Teilchen bzw. das wirksame, partielle spezifische Volumen.

Bei nicht kugeligen Teilchen ist das Störvolumen größer als das Eigenvolumen. Da das Teilchen infolge der *Brown*schen Be-

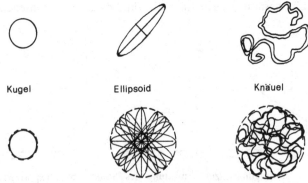

Kugel $\qquad$ Ellipsoid $\qquad$ Knäuel

Abb. 55. Störvolumen verschiedener Teilchentypen.

wegung alle räumlichen Lagen und Orientierungen mit gleicher Wahrscheinlichkeit einnehmen kann, entspricht das Störvolumen einer Kugel, die man dem Teilchen umschreiben kann (siehe Abb. 55).

Das Störvolumen ist nur zum Teil von Molekülmasse erfüllt. Daher ist die hydrodynamisch wirksame Dichte (Äquivalentdichte) d_e wesentlich niedriger als die Teilchendichte, wenn das Teilchen anisotrop ist. Im Unterschied zu Kugeln sinkt die mittlere Dichte auch mit steigender Teilchengröße und Teilchenmasse. Der Abfall der Äquivalentdichte mit M ist in Abb. 56 zu sehen.

Der Abfall der Äquivalentdichte mit der Masse läßt sich allgemein durch ein einfaches Potenzgesetz beschreiben:

$$d_e \simeq M^{-a} \simeq P^{-a}.$$

Für den *Staudinger*-Index folgt daraus mit $[\eta] = 2,5/d_e$

$$[\eta] = K_M M^a = K_p P^a \qquad K_p = K_M \cdot m_0^a.$$

Diese Gleichung dient zur einfachen Bestimmung des Polymerisationsgrads aus einer Viskositätsmessung. Sie heißt *Staudinger-Mark-Houwink*-Gleichung. Die Konstanten K und a (mit-

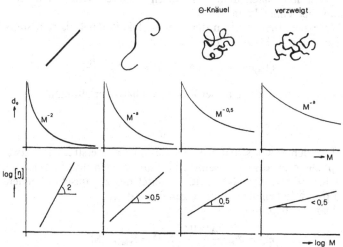

Abb. 56. Abhängigkeit der hydrodynamisch äquivalenten Teilchendichte und des *Staudinger*-Index von der Teilchenmasse.

unter auch α genannt) müssen für jedes spezielle System Lösungsmittel/Polymer/Temperatur gesondert bestimmt werden. Dies geschieht durch Eichung mit Proben bekannten Molekulargewichts. Bei uneinheitlichen Proben erhält man einen speziellen Mittelwert, das Viskositätsmittel P_η bzw. M_η.

$$M_\eta = \left\{ \frac{\Sigma\, N_i\, M_i^{1+a}}{\Sigma\, N_i\, M_i} \right\}^{1/a} \approx \frac{\Sigma\, N_i\, M_i^{1+a}}{\Sigma\, N_i\, M_i^{a}}.$$

Die Näherungsformel kann im Bereich $0{,}5 < a < 1{,}2$ angewandt werden.

7.2.5.5. Staudinger-Index von Knäuelmolekülen und Rotationsellipsoiden

Bestimmung der Länge des statistischen Fadenelements A aus $[\eta]$

Den Durchmesser der hydrodynamisch äquivalenten Kugel kann man dem mittleren Endpunktsabstand proportional setzen

$$D_e = f_e \cdot \langle h_e^2 \rangle^{1/2}.$$

Dividiert man das Teilchengewicht M/N_L durch das Äquivalentvolumen $v_e = (\pi/6) \cdot D_e^3$, erhält man die Äquivalentdichte, aus der man nach dem *Einstein*schen Gesetz den *Staudinger*-Index berechnen kann.

Für den Θ-Zustand, in dem der Molekülknäuel als rein statistischer Knäuel beschrieben werden kann, gilt

$$\langle h_e^2 \rangle = A \cdot L = A \cdot l_0 \cdot P = A \cdot M \cdot \frac{l_0}{m_0}.$$

Unter Verwendung dieser Zusammenhänge erhält man

$$[\eta] = \frac{N_L \cdot}{5} \cdot f_e^3 \cdot \frac{A^{1,5}\, l_0^{1,5}}{m_0^{1,5}} \cdot M^{0,5}.$$

Für den statistischen Knäuel, dessen Längserstreckung etwa doppelt so groß ist wie seine Querdimensionen und in dem die Kettenenden in der Nähe der Scheitel des zu umschreibenden Ellipsoids liegen, kann man setzen $f_{e,\Theta} = 0{,}71$.

Damit erhält man

$$[\eta]_\Theta = \Phi_\Theta \cdot \frac{A^{1,5}\, l_0^{1,5}}{m_0^{1,5}} \cdot M^{0,5} = K_{M,\Theta} \cdot M^{0,5}$$

$a_\Theta = 0{,}5$, $\Phi_\Theta = 2{,}84 \cdot 10^{23}$ (c.g.s.) heißt *Flory*scher Frontfaktor.

Aus dem K_M der *Staudinger-Mark-Houwink*-Gleichung kann man damit für den Θ-Zustand das statistische Fadenelement A berechnen.

Berechnung von A für aufgeweitete Knäuel

Die Knäuelaufweitung wirkt sich bei höheren Polymerisationsgraden stärker aus als bei niedrigeren. Damit kann man die Aufweitung auch mit Hilfe der Molekulargewichtsabhängigkeit des Endpunktabstands definieren

$$\langle h^2 \rangle = \langle h_\Theta^2 \rangle \cdot M^\varepsilon$$

ε = Aufweitungsexponent.

Weiter muß man berücksichtigen, daß das Äquivalentvolumen nicht im gleichen Maß wie der Endpunktsabstand zunimmt, daß also f_e mit steigender Aufweitung sinkt. Dies kann man nach *Ptitsyn* durch Einführung eines variablen Frontfaktors $\Phi(\varepsilon)$ in Rechnung stellen. Man erhält für den *Staudinger*-Index

$$[\eta] = \Phi(\varepsilon) \cdot A^{1,5} \frac{l_0^{1,5}}{m_0^{1,5}} \cdot M^{\frac{1+3\varepsilon}{2}} = K_M \cdot M^a$$

$$\Phi(\varepsilon) = 2 \cdot 84 \cdot 10^{23} (1 - 2,63\,\varepsilon + 2,86\,\varepsilon^2),$$
$$K_M = \Phi(\varepsilon) \cdot A^{1,5} \cdot l_0^{1,5}/m_0^{1,5}, \quad a = (1 + 3\,\varepsilon)/2.$$

Staudinger-Index von Rotationsellipsoiden

Bei kompakten, anisotropen Teilchen kann man die Äquivalentdichte leicht durch Mittelung über alle räumlichen Lagen (für den Fall vollständiger *Brown*scher Bewegung) berechnen. Für prolate und oblate Rotationsellipsoide wurden solche Berechnungen von *Sheraga* durchgeführt. Die Äquivalentdichte sinkt mit größer werdender Anisotropie, wodurch der *Staudinger*-Index zunimmt. In Abb. 57 wurde lg η als Funktion des Achsenverhältnisses p = a/b für Teilchen mit der wirklichen Dichte d = 1 aufgetragen (a = Polachse, b = Äquatorachse, p > 1 = prolat, p < 1 = oblat).

7.2.5.6. Scherabhängigkeit der Viskosität

Bewegt sich ein Teilchen in einer Lösung, in der ein Geschwindigkeitsgradient herrscht, erfährt es an seiner Oberfläche eine asymmetrische Reibungskraft. Dadurch rotiert es. Die Dre-

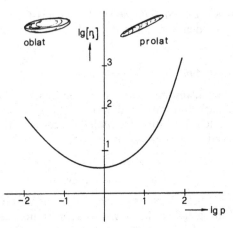

Abb. 57. *Staudinger*-Index von Rotationsellipsoiden.

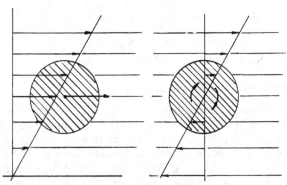

Abb. 58. Rotation kugeliger Teilchen im Scherfeld; links: Strömung vom ruhenden Beobachter aus gesehen, rechts: Strömung vom mitbewegten Beobachter aus gesehen.

hung wird durch die tangentialen Reibungskräfte in Fließrichtung gefördert, aber durch die gleichzeitig auftretenden Reibungskräfte senkrecht zur Fließrichtung gebremst (siehe Abb. 58). Die Rotationsgeschwindigkeit $\dfrac{d\omega}{dt}$ entspricht daher der halben Scherrate (beides in der Dimension s⁻¹).

$$\frac{d\omega}{dt} = \frac{D}{2}.$$

Sind die Partikel anisotrop, wird auf sie ein verschieden großes Drehmoment ausgeübt, je nachdem, ob sie gerade in Strömungsrichtung liegen oder quer zur Strömung orientiert sind. Damit wird ihre Drehung ungleichförmig, wenn sie quer zur Strömung schwimmen, klappen sie sehr schnell in Strömungsrichtung und drehen sich dann langsam aus dieser Lage wieder heraus. Durch die Strömung werden die Teilchen besser orientiert: Dieser Effekt heißt *Vorzugsorientierung*.

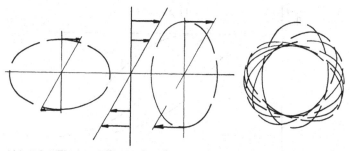

Abb. 59. Vorzugsorientierung anisotroper Teilchen im Scherfeld; links: querliegende Teilchen erfahren größeres Drehmoment, rechts: Orientierungswahrscheinlichkeiten.

Durch die Vorzugsorientierung anisotroper Teilchen wird die reduzierte Viskosität verringert. Mit steigender Scherrate verstärkt sich die Vorzugsorientierung, und die Viskosität nimmt ab (Abb. 59). Um den Einfluß der Vorzugsorientierung und damit der Scherabhängigkeit der Viskosität zu eliminieren, muß man die Viskosität bei verschiedenen Scherraten messen und auf $D \to 0$ extrapolieren. Diese Extrapolation ist auch erforderlich, um die „echte Grenzviskositätszahl $[\eta]_0$" zu bestimmen.

$$[\eta]_0 = \lim_{\substack{c \to 0 \\ D \to 0}} \eta_{red}.$$

Der Vorzugsorientierung wirkt die durch die *Brown*sche Bewegung verursachte Eigenrotation der Teilchen entgegen. Die

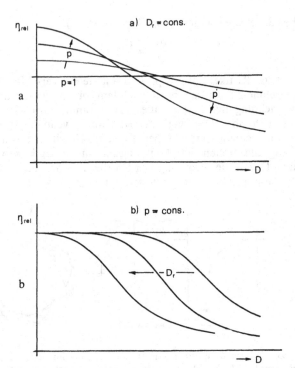

Abb. 60. Abhängigkeit der Viskosität von Lösungen anisotroper Teilchen; oben: als Funktion der Teilchenanisotropie, unten: als Funktion der Teilchengröße (charakterisiert durch D_r^{-1}).

Rotationsbeweglichkeit der Teilchen in der Lösung wird durch die „*Rotationsdiffusionskonstante D_r*" beschrieben, die die Eigenfrequenz der Teilchenrotation charakterisiert und eine einfache Funktion des *Rotationsreibungsfaktors ξ* ist. D_r ist um so größer, je kleiner die Teilchen sind. In diesem Fall kommt die Scherabhängigkeit der Viskosität erst bei höheren Scherraten zum Tragen.

$$D_r = \frac{k \cdot T}{\xi}.$$

Die Viskosität sinkt bei gleicher Teilchenmasse um so steiler, je stärker gestreckt die Teilchen sind (Abb. 60a). Bei ähnlicher

Teilchenform fällt die Viskosität bei um so kleineren Scherraten ab, je größer die Teilchen sind, d. h. je kleiner ihre Rotations-diffusionskonstante D_r ist (Abb. 60 b).

7.2.5.7. Elektroviskose Effekte

Tragen die gelösten Teilchen Ladungen, wird die Viskosität ihrer Lösungen durch diese beeinflußt. Man unterscheidet drei Arten elektroviskoser Effekte:

1. E.V.-Effekt: Ladungen auf flexiblen Molekülen beeinflussen die Gesamtkonformation und damit sowohl das hydrodynamisch wirksame Volumen ($\rightarrow \eta_{red}$) als auch die Knäuel-flexibilität und Anisotropie (und damit die Scherabhängigkeit). Es handelt sich um eine *intra*partikuläre Wirkung.

2. E.V.-Effekt: Aufgrund ihrer Ladungen stoßen einzelne Teilchen einander ab (*inter*partikuläre Wirkung). Dadurch werden Platzwechsel erschwert und die Viskosität der Lösungen erhöht. Diesen Effekt können sowohl deformierbare als auch formstabile Teilchen zeigen.

3. E.V.-Effekt: Ungleichmäßig verteilte Ladungen auf der Teilchenoberfläche können zu einer *Coulomb*schen Assoziation führen. Nieder- oder hochmolekulare Gegenionen können Salzbrücken bilden. Je nach der Sperrigkeit der entstehenden Assoziate kann dadurch die Viskosität erhöht oder erniedrigt werden.

1. E.V.-Effekt bei flexiblen Knäuelmolekülen

Gleichnamige Ladungen entlang der Molekülkette weiten den Knäuel auf und erhöhen die reduzierte Viskosität. Die Knäuel-aufweitung ändert sich mit dem Dissoziationsgrad der geladenen Gruppen. Verdünnt man eine Lösung, ändert sich meistens auch der Dissoziationsgrad, was zu einer abnormalen Konzentrationsabhängigkeit von η_{red} führt. Um den Dissoziationsgrad konstant zu halten, sollte man *isoionisch* verdünnen, d. h. die wirksame Ionenstärke I_e (effektive Ionenstärke) sollte in der Lösung konstant gehalten werden.

isoionisch: $I_e = \text{konstant}$

$$I_e = I + \frac{c_p \cdot X \cdot N_e}{100}$$

I = Ionenstärke des Lösungsmittels, I_e = effektive Ionenstärke, c_p = Konzentration der Makroionen (Polymerkonzentration), N_e = Neutralisationsäquivalent, X = Bruchteil der zum Makroion gehörenden Gegenionen, die zur Ionenstärke der Lösung beitragen.

Abb. 61 zeigt schematisch die Konzentrationsabhängigkeit der Viskosität von Lösungen ionentragender, flexibler Kettenmole-

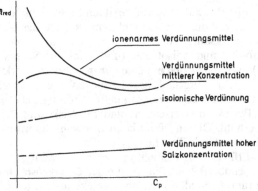

Abb. 61. Abhängigkeit der Viskosität einer Lösung flexibler Polyelektrolytmoleküle von der Polymerkonzentration c_p.

küle als Funktion konstanter oder variabler Neutralsalzgehalte in der Lösung c_p: Konzentration an Polymeren).

Bei normaler Verdünnung mit ionenfreiem Lösungsmittel sinkt η_{red} mit der Polymerkonzentration; auch die effektive Ionenstärke und die Viskosität steigt beim Verdünnen an. Verdünnt man dagegen mit Salzlösungen hoher Ionenkonzentration, werden die Molekülladungen weitgehend abgeschirmt, und der Polyelektrolyteffekt wird unterdrückt (normaler Verlauf von η_{red} vs. c).

Benutzt man zum Verdünnen Salzlösungen mittlerer Ionenstärke, die mit der durch das Makroion beigesteuerten Ionenstärke vergleichbar ist, überwiegt bei hohen Polymerkonzentrationen der Polyelektrolyteffekt, bei niedrigeren Polymerkonzentrationen kommt in zunehmendem Maße die abschirmende Wirkung der Ionen des Lösungsmittels zum Tragen.

2. E.V.-Effekt bei kompakten Teilchen (Zeta-Potential)

Tragen kompakte Teilchen in der Lösung eine Oberflächenladung, wirkt sich diese Ladung in zweifacher Hinsicht auf die
Viskosität der Lösung aus: Die gegenseitige Abstoßung der Teilchen, die sich bei höheren Konzentrationen besonders stark auswirkt, führt zu einer Verstärkung der Konzentrationsabhängigkeit (die Viskosität steigt bei geladenen Teilchen stärker mit der
Konzentration an als bei ungeladenen). Durch die Ladung wer-

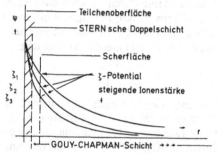

Abb. 62. Wirksames Potential ψ eines Teilchens in Lösung in Abhängigkeit von der Entfernung r von der Oberfläche.

den Gegenionen gebunden und Lösungsmittelhülle bestimmter
Dicke immobilisiert. Dadurch steigt auch der *Staudinger*-
Index.

Betrachtet man das in der Umgebung eines geladenen Teilchens wirksame Potential ψ, findet man den in Abb. 62 dargestellten Abfall.

Die wirksame Oberflächenladung wird durch fest gebundene
Gegenionen verringert (*Stern*sche Doppelschicht). Im Anschluß
an die *Stern*-Schicht sinkt die wirksame Ladung (Potential in
der Lösung) nach einer e-Potenz (*Gouy-Chapman*-Schicht). Bei
Scherung haftet ein Teil der *Gouy-Chapman*-Schicht noch fest
am Teilchen. Das an der Scherfläche herrschende Potential ist
das elektrophoretisch wirksame. Es heißt ζ-*(Zeta-)Potential*.

Bei endlichen Konzentrationen steigt die Viskosität einer Lösung geladener Teilchen mit einer Potenz von ζ.

135

Für den *Staudinger*-Index gab *Smoluchowsky* folgenden Zusammenhang an:

$$[\eta] = [\eta]_{\zeta\,=\,0} + k \cdot \zeta^2 \qquad k = \frac{\varepsilon^2}{4\,\pi^2 \cdot \varLambda \cdot R^2}$$

ε = Dielektrizitätskonstante des Lösungsmittels, $\varLambda$ = Leitfähigkeit, R = Radius der kugeligen Teilchen.

Die Dicke der Ladungswolke hängt von mehreren Faktoren ab. Je höher die Konzentration von beweglichen Ionen in der Lösung ist, desto stärker können sie die Ladung des Teilchens abschirmen. Das wirksame Potential sinkt dann schneller ab, das an der Scherfläche herrschende Potential wird ebenfalls kleiner. In erster Näherung sinkt das ζ-Potential entsprechend der *Debye-Hückel*-Theorie mit 4. Wurzel aus der Ionenstärke

$$\zeta^2 = \frac{K}{\sqrt{I}} \, .$$

Die Oberflächenladung hat nicht nur einen Einfluß auf die Transporteigenschaften der gelösten Teilchen, sondern auch auf die Stabilität der Lösungen. Bei gleichnamiger Ladung wirken starke abstoßende Kräfte, die eine Phasentrennung behindern. Die stabilisierende Wirkung kann so groß werden, daß auch große Teilchen nicht agglomerieren und Suspensionen damit längere Zeit stabil bleiben können. Sedimentieren geladene Teilchen, ist die entstehende Teilchenschicht aufgrund ihres höheren Energiegehalts lockerer (höheres *Sedimentvolumen*).

7.2.5.8. Strömungsdoppelbrechung

Eine Lösung, in der die gelösten Teilchen nicht orientiert sind, ist isotrop. Auch wenn die Teilchen selbst anisotrop sind, kann man nach außen keine Anisotropie feststellen, weil sich die Wirkung der Teilchenanisotropie völlig herausmittelt. Strömende Lösungen anisotroper Partikel sind auch insgesamt anisotrop, weil die Teilchen im Scherfeld (teilweise) orientiert werden.

Geometrische Anisotropie ist sehr häufig auch mit optischer Anisotropie verbunden. Im optisch anisotropen Medium wird linear polarisiertes Licht depolarisiert (die Schwingungsebene wird gedreht), weil die Polarisierbarkeit α in verschiedene Richtungen verschieden groß ist ($\alpha_a \neq \alpha_b$).

Schräg zum Primärlichtvektor liegende Teilchen (bzw. Polarisierbarkeitsellipsoide) erzeugen eine zur Primärlichtrichtung senkrecht schwingende Komponente. Bringt man eine depolarisierende Probe zwischen ein gekreuztes Polarisator-Analysator-Paar, tritt die depolarisierte Komponente durch. Teilchen, deren optische Achsen parallel zur Polarisator-Analysator-Anordnung liegen, depolarisieren nicht. In diesem Fall kann das Licht die Anordnung nicht passieren.

Messung der Strömungsdoppelbrechung

Man schert die Lösung mit anisotropen Teilchen in einem Rotationsviskosimeter und betrachtet den ganzen Ringspalt von oben durch eine Anordnung von gegen den Polarisator gekreuztem Analysator. An allen Stellen des Ringspalts, an denen die Teilchen infolge der Vorzugsorientierung schräg zur Ebene des Polarisators oder Analysators liegen (siehe Abb. 63), wird Licht depolarisiert und kann durchtreten. Nur an den Stellen, an denen die Teilchen gerade parallel oder senkrecht zum Polarisator liegen, wird das Licht nicht depolarisiert und kann daher den Analysator auch nicht passieren. Man sieht daher bei einem bestimmten Auslöschungswinkel β ein Dunkelkreuz. Der Auslöschungswinkel entspricht dem Orientierungswinkel der Teil-

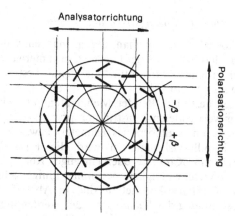

Abb. 63. Vorzugsorientierung anisotroper Teilchen im Viskosimeter-Ringspalt. Messung der Strömungsdoppelbrechung im polarisierten Licht mit gekreuzten Polarisationsebenen.

chen, er ist um so kleiner, je größer die angelegte Scherrate D und je kleiner die Rotationsdiffusionskonstante $D_r = k\,T/\zeta$ ist. Man rechnet mit folgender Formel

$$\beta\,(°) = 45 - \frac{1}{12}\cdot\frac{D}{D_r} + \left(\frac{1}{1296} + \frac{1}{1890}\left(\frac{p-1}{p+1}\right)^2\right)\left(\frac{D}{D_r}\right)^3.$$

Aus einer Auftragung β vs. D (Abb. 64) kann man die Rotationsdiffusionskonstante D_r und das Achsenverhältnis p der anisotropen Teilchen ermitteln.

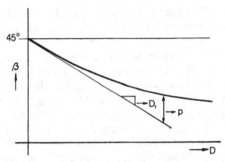

Abb. 64. Abhängigkeit des Orientierungswinkels β von der Scherrate D.

7.2.5.9. Messung der Lösungsviskosität

Die Viskosität bestimmt man, indem man entweder die Lösung einer definierten Scherdeformation unterwirft und die dazu erforderliche Kraft mißt oder eine bestimmte Kraft (Schubspannung) einwirken läßt und die Deformationsgeschwindigkeit bestimmt. Bei den Meßgeräten unterscheidet man je nach dem verwendeten Konstruktionsprinzip zwischen Kapillar-, Rotations- und Fallkörperviskosimetern bzw. -rheometern.

In den Kapillarviskosimetern wird die Flüssigkeit unter Druck durch eine Kapillare oder ein enges Rohr gepreßt und die Durchflußgeschwindigkeit bestimmt. Einige gebräuchliche Typen von Kapillarviskosimetern sind in Abb. 65 dargestellt. Für die Bestimmung des *Staudinger*-Index werden meistens derartige Viskosimeter verwendet. Für verdünnte Lösungen kann man hier das *Hagen-Poiseuille*sche Gesetz anwenden und mit dessen Hilfe absolute Viskositätswerte ermitteln. Zur Bestim-

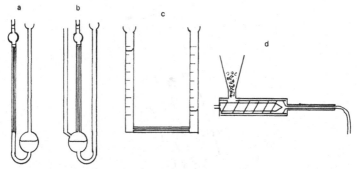

Abb. 65. Kapillarviskosimeter nach a) *Ubbelohde*, b) *Ostwald*, c) *Bingham*, d) Extrusionsviskosimeter für Schmelzen.

mung von η_{rel} genügt es aber, unter gleichen anderen Bedingungen die Durchflußzeiten t und t_1 des Meßvolumens von Lösung und Lösungsmittel zu vergleichen. Es gilt

$$\eta_{rel} = \frac{\eta}{\eta_1} = \frac{t}{t_1}$$

η_{rel} = relative Viskosität.

Rotationsviskosimeter (Abb. 66) bestehen aus koaxialen Drehkörpern, die den Probenraum einschließen. Treibt man einen Rotationskörper an, wird durch die Probe entsprechend

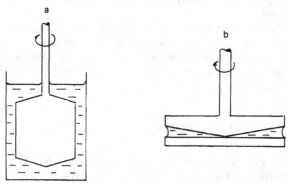

Abb. 66. Rotationsviskosimeter. a) Zylindergeometrie, b) Kegel-Platte-Geometrie.

Abb. 67. Fallkugelviskosimeter nach *Hoeppler.*

ihrer Viskosität ein Drehmoment auf den anderen Körper ausgeübt. Verwendung finden Zylinder, Kegel oder seltener Kugelformen. Das übertragene Drehmoment wird gemessen. Bei einigen Ausführungen wird auch ein konstantes Drehmoment am Rotor vorgegeben und die sich dort einstellende Drehgeschwindigkeit gemessen.

Der dritte gebräuchliche Viskosimetertyp (Abb. 67) besteht aus einem fast senkrecht stehenden Probenrohr, in dem man eine Kugel nach unten gleiten läßt. Die Gleitgeschwindigkeit der Kugel wird gemessen, sie ist bei *Newton*schen Flüssigkeiten indirekt proportional der Viskosität der umgebenden Flüssigkeit und steigt mit der wirksamen Dichte der Kugel (Fallkörperviskosimeter).

In allen Viskosimetern, mit Ausnahme von Kegel-Platte-Viskosimetern unterliegt die Probenflüssigkeit an der Gefäßwand einer anderen Scherrate als im Innern des Schervolumens, so daß man normalerweise nur eine mittlere, wirksame Scherrate angeben kann.

7.3. Optische Eigenschaften

Unter optischen Eigenschaften im weitesten Sinne kann man alle Wechselwirkungen verstehen, die ein System mit elektromagnetischer Strahlung eingeht, d. h. in welchem Ausmaß auftretende Strahlung absorbiert oder gestreut wird. Im sichtbaren

140

Bereich des elektromagnetischen Spektrums werden diese beiden Aspekte durch die praktischen Kenngrößen Opazität und Färbung (Farbort) charakterisiert. Eine genaue Untersuchung der optischen Eigenschaften ist das wichtigste Hilfsmittel der physikalischen Analyse. Man unterscheidet Streu- und Resonanzmethoden.

Beide befassen sich mit der Wechselwirkung der Moleküle mit oszillierenden Feldern (Wechselfeldern bzw. Strahlung). Da in diesen Fällen die Felder dauernd Stärke und Richtung wechseln, kommt es zu keinem makroskopischen Fluß. Die Moleküle werden an Ort und Stelle einem periodisch wechselnden Potential ausgesetzt, welcher eine periodische Deformation der inneren Struktur zur Folge hat. Dabei kann Resonanz auftreten (Spektroskopie) oder eine unspezifische Wechselwirkung (Streuung). Auch mit Partikelstrahlen (Neutronen und Elektronen) kann ein Streuexperiment ausgeführt werden, weil schnell bewegten Teilchen eine *de Broglie*-Materiewelle zugeordnet werden kann. Es gilt

$$\lambda = \frac{h}{m \cdot v}$$

λ = Wellenlänge, h = *Planck*sches Wirkungsquantum, v = Geschwindigkeit.

Tabelle. 16 gibt eine Übersicht über die wichtigsten Methoden der optischen Polymeranalyse. Alle Streu- und Resonanzuntersuchungen können auch unter gleichzeitigem Anlegen von

Tabelle 16. Optisch analytische Methoden

Licht	(nm)	Streumethode	Resonanzmethode
IR	600	Quasi-elast. Lichtstr.	IR-Spektroskopie
Sichtbar	400 – 600	*Rayleigh*-Lichtstreuung	*Raman*-Spektroskopie Fluoreszenzspektrosk.
UV	300		UV-Spektroskopie
Röntgen	0,1 – 10	Röntgen-Kleinwinkelstreuung	Röntgen-Fluoreszenzsp. *Mößbauer*-Spektrosk.
Neutronen	10	Neutr. Kleinwinkelstr.	
Elektronen	1 – 10	Elektronenbeugung	

mechanischen, magnetischen oder elektrischen Feldern (statio-
när oder oszillierend) durchgeführt werden.

Die einfachste makroskopische bestimmbare Größe, die die
Wechselwirkung der Strahlung mit einem System beschreibt, ist
dessen Brechungsindex, der die Fortpflanzungsgeschwindigkeit
der elektromagnetischen Welle im System im Vergleich zur Va-
kuumgeschwindigkeit angibt. Er ist stark von der Lichtwellenlänge abhängig. Normalerweise sinkt er mit steigender Wellenlänge (normale Dispersion). Reicht aber die Energie der Strah-
lungsquanten gerade aus, um die bestrahlte Substanz in einen
neuen Anregungszustand zu versetzen, steigt er sprunghaft an
(Abb. 68). Innerhalb dieser anormalen Dispersionsgebiete werden die Lichtquanten absorbiert (Absorptionslinie oder Absorptionsbande).

Im kurzwelligsten Bereich des Spektrums sind kleinere Werte
des Brechungsindex möglich als 1. Das Röntgenlicht hat hier
eine größere Phasengeschwindigkeit als im Vakuum (die Grup-
pengeschwindigkeit kann natürlich nicht größer werden als die

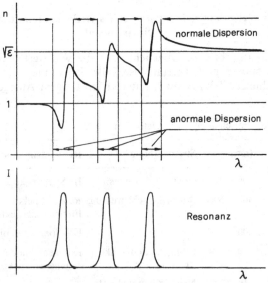

Abb. 68. Abhängigkeit des Brechungsindex n und der Absorption I von
der Wellenlänge des eingestrahlten Lichts (schematisch).

142

Vakuumlichtgeschwindigkeit). Im Gebiet normaler Dispersion kann man die Wellenlängenabhängigkeit des Brechungsindex einfach empirisch beschreiben:

$$n = a_1 + \frac{a_2}{\lambda^2} + \frac{a_3}{\lambda^4}.$$

7.3.1. Spektrale Eigenschaften

Die Lage der Absorptionsbanden ist charakteristisch für die im Polymeren vorhandenen Anregungsniveaus (Chromophore im weitesten Sinn), ihre Intensität hängt von der Zahl der in der Probe vorhandenen Chromophore ab. Die *Polymerspektroskopie* benutzt die Auswertung der Absorptionsbanden (Spektren) zur qualitativen und quantitativen Analyse.

Da die Makromoleküle aus einer großen Anzahl gleicher Einheiten bestehen, kann man in erster Näherung die gemessene Absorption als Summe der Absorptionen der einzelnen Einheiten betrachten. Daß sich die Absorption additiv verhält, heißt, daß man das *Lambert-Beer*sche Gesetz anwenden kann. Die Anwendbarkeit des *Lambert-Beer*schen Gesetzes muß in jedem einzelnen Fall geprüft werden. Fällt diese Prüfung positiv aus, kann man durch Messung der Absorption bei mehreren Wellenlängen die mittlere Zusammensetzung des Polymeren bestimmen.

Nachbargruppeneffekte

Das spektroskopische Verhalten von Polymeren hängt im allgemeinen nicht nur von ihrer chemischen Zusammensetzung ab, sondern auch von der Struktur der Molekülketten. Während man in einem Gas oder einer verdünnten Lösung einer niedermolekularen Verbindung immer mit Additivität der Absorption rechnen kann, findet man in den kondensierten Phasen im Extremfall im kristallisierten Zustand den Einfluß der Nachbargruppen im Spektrum. Dieser Nachbargruppeneinfluß ist in einem Makromolekül, das quasi als eindimensionaler Kristall betrachtet werden kann, stets, wenn auch nicht immer deutlich beobachtbar, vorhanden. Je nach Anregungsart und Art der anzuregenden Gruppen sind diese Nachbargruppeneffekte verschieden stark ausgeprägt. Manchmal kann man sie in einem Teil des Spektrums vernachlässigen und dort das *Lambert-Beer-*

sche Gesetz zur Bestimmung der Bruttozusammensetzung heranziehen.

Sind die Nachbargruppeneffekte sehr stark, können sie zur Bestimmung der Sequenzlängen (im speziellen zur Charakterisierung der Taktizität) benutzt werden. Tabelle 17 gibt einen Überblick über die Anwendungsgebiete der hier relevanten spektroskopischen Methoden.

Die Nachbargruppeneffekte können sich äußern in

1. Linienverbreiterung,
2. Änderung der Übergangswahrscheinlichkeit und damit der Absorptivität,
3. chemische Verschiebung (Bandenshift).

Sie sind relativ gering im UV-sichtbaren und nahen IR-Gebiet des Spektrums. Im IR treten aber neben den Gruppenbanden auch noch ausgesprochene Polymerbanden auf, bei denen es sich um Schwingungen der Kette handelt und die naturgemäß den Kettenaufbau widerspiegeln. (Diese treten im fernen IR auf, schwache Oberschwingungen davon im nahen IR.)

Im nahen UV absorbieren die Aromaten, die aufgrund ihres planaren Aufbaus starke Nachbargruppenwechselwirkungen ausüben können. Nichtaromatische Polymere absorbieren im fernen UV, haben aber meist Fluoreszenzbanden im nahen UV.

Die wichtigste Methode zur Bestimmung der Nachbarschaftsverhältnisse in einer Polymerkette ist zweifelsohne die *magnetische Kernresonanz (NMR)*, sie ist die empfindlichste und aussagekräftigste Methode zur Bestimmung sowohl der chemischen als auch der taktischen Sequenzlängen und Sequenzlängenverteilungen.

Eine interessante Möglichkeit der Untersuchungen der linearen Aufeinanderfolge von Bausteinen bietet die *Excitonendiffusion*. Triplettexcitonen aromatischer Strukturen haben eine sehr lange Lebensdauer, weil sie bei ihrer Desaktivierung durch Phosphoreszenz einen quantenmechanisch verbotenen Übergang durchführen müssen. Der Anregungszustand kann aber auch auf Nachbargruppen übertragen werden (Excitonendiffusion). Treffen zwei Triplettexcitonen zusammen, bilden sie zwei Singulettexcitonen, die ihre Anregungsenergie dann sehr schnell abgeben (verzögerte Fluoreszenz). Dieser Vorgang ist nur bei ununterbrochenen aromatischen Sequenzen möglich.

144

Tabelle 17. Eignung verschiedener spektroskopischer Methoden
zur Bestimmung von Molekül- und Phasenparametern

	NMR	IR/Raman	VIS/nUV	fUV
Zusammensetzung	X	X	X	
Taktizität, Sequenzlängen	X	(X)	(X)	
Molekulare Bewegungsvorgänge	X		X	X
Bandstruktur			X	X

7.3.2. Lichtstreuung

Schwingungen im Elektronensystem von Molekülen, die durch den Einfluß einer von außen kommenden Strahlung hervorgerufen werden, müssen nicht zur Belegung eines höheren Anregungszustandes führen, sondern es kann eine einfache erzwungene Schwingung der Elektronenwolken resultieren. Durch das Schwingen der Elektronenhülle werden in einem Molekül die Ladungsschwerpunkte ständig verschoben, wodurch das Molekül zu einem mit dem äußeren Störfeld frequenzgleich schwingenden Dipol wird.

Bei gegebenem äußeren Feld hängt die Ladungstrennung und damit die Schwingungsamplitude des Dipols von der *Polarisierbarkeit* des Teilchens ab. Ein Maß für die Polarisierbarkeit ist der Brechungsindex des Systems.

Jeder schwingende Dipol sendet selbst elektromagnetische Wellen aus. Auf diesem Prinzip beruhen alle Rundfunksender. Damit wird jedes bestrahlte Teilchen zu einem Sender, das Licht derselben Frequenz und ursprünglich desselben Polarisationszustandes wie die Anregungsstrahlung aussendet. Die Energie, die zur Anregung der Elektronenschwingung aufgenommen wurde, wird bei diesem Vorgang wieder restlos abgegeben. Man spricht in diesem Fall daher von *konservativer* Absorption (energieerhaltend) oder von *elastischer* Lichtstreuung.

7.3.2.1. Lichtstreuung an kleinen Teilchen

Betrachten wir zuerst den einfachen Fall von sehr verdünnten Gasen. In diesem Fall verhalten sich die Moleküle wie vollkommen isolierte, vom Vakuum umgebene Teilchen. Trifft polarisiertes Licht auf ein Molekül auf, etwa in der Anordnung wie in

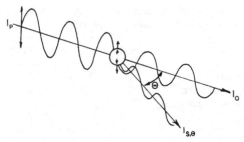

Abb. 69. Lichtstreuung von polarisiertem Licht.

Abb. 69 gezeigt, wird dessen Elektronenhülle zum Schwingen angeregt, sie bilden einen „strahlenden Dipol", der genauso wie eine Sendeantenne wirkt. Die Energie, die eine solche Antenne in der Zeiteinheit insgesamt abstrahlt (I_s), ist proportional dem quadratischen Mittelwert der zweiten Ableitung des induzierten Moments nach der Zeit. Das induzierte Moment ist hier die Polarisation P.

$$I_s = \frac{2}{3\,c_0^2}\left|\overline{\frac{d^2}{dt^2}}\right|^2$$

$c_0 =$ Lichtgeschwindigkeit.

Die Polarisation hängt wiederum ab von der Amplitude des eingestrahlten Lichts (Amplitude der Feldstärke, nicht unmittelbare Schwingungsweite der Elektronenhülle) und der Polarisierbarkeit α.

Für die abgestrahlte Gesamtintensität I_s ergibt sich daraus:

$$I_s = \frac{8\,\pi}{3}\cdot I_p\left(\frac{2\,\pi}{\lambda_0}\right)^4\alpha^2$$

$I_p =$ eingestrahlte Intensität.

An dieser Formel sieht man, daß die Intensität des abgestrahlten Lichts proportional ist dem Quadrat der Polarisierbarkeit und dem Reziprokwert der vierten Potenz der Wellenlänge (Farbe des Himmels, Morgen- und Abendrot, Nebelscheinwerfer). Außerdem ist das Streulicht proportional dem Primärlicht, was die Messung wesentlich erleichtert, weil es daher nicht notwendig ist, Absolutintensitäten zu messen, sondern das Verhältnis

$\dfrac{I_s}{I_p} = R_p$ (*Rayleigh*-Verhältnis) schon Auskunft gibt über die molekülspezifische Größe der Polarisierbarkeit. Die abgestrahlte Energie ist gleich dem Verlust im eingesandten Lichtstrahl und wird auch *Trübung* genannt.

$$R_p = \frac{8}{3}\,\pi \left(\frac{2\,\pi}{\lambda_0}\right)^4 \alpha^2 .$$

In der Praxis hängt die Trübung mit einer von -4 abweichenden Potenz von der Wellenlänge ab, weil auch α (wie die Refraktion) wellenlängenabhängig ist.

Die Trübung τ einer Probe ergibt sich aus den Beiträgen aller darin enthaltenen Teilchen N

$$\tau = N R_p = N\,\frac{8\,\pi}{3}\left(\frac{2\,\pi}{\lambda_0}\right)^4 \alpha^2 .$$

Für die Polarisierbarkeit α kann man den Zusammenhang mit dem Brechungsindex n benutzen

$$\alpha = \frac{3}{4\,\pi\,N_L} \cdot \frac{n^2 - 1}{n^2 + 2}\,V_M$$

V_M = Molvolumen, N_L = *Loschmidt*sche Zahl,
n = Brechungsindex.

Damit kann man Streulichtmessungen an Gasen entweder zur Bestimmung des Molvolumens (oder der Molmasse) oder zur Messung der *Loschmidt*schen Zahl benutzen.

Bei Polymeren gibt es praktisch keinen gasförmigen Zustand. Hier ist die *Lichtstreuung von gelösten Teilchen* von Bedeutung.

Lichtstreuung verdünnter Lösungen

Da die Polarisation eine additive Größe ist, muß sich auch die Polarisierbarkeit additiv verhalten:

$$\alpha = x_1 \cdot \alpha_1 + x_2 \cdot \alpha_2$$

$x_{1,2}$ = Molenbrüche.

Für α kann man setzen

$$\alpha = \frac{3}{4\,\pi}\,\frac{n^2 - 1}{n^2 + 2} \cdot \frac{V_m}{N_L} \approx \frac{n^2 - 1}{4\,\pi}\,\frac{V_m}{N_L} .$$

mit $n^2 + 2 \approx 3$ für n nicht zu sehr von 1 verschieden. Wenn man noch Additivität für das Molvolumen annimmt, kann man die interessierende Polarisierbarkeit des Gelösten aus den leicht zugänglichen Größen Brechungsindexinkrement (B.I.) berechnen, wenn man das Molekulargewicht kennt. Umgekehrt kann man durch Messung der Polarisierbarkeit über die Lichtstreuung die Molmasse des Gelösten bestimmen.

$$\alpha_2 = \frac{1}{4\,\pi} \cdot \frac{1}{N_2} \underbrace{(n^2 - n_1^2)}$$

$$(n - n_1) \cdot (n + n_1) \approx 2\,n_1 \cdot \Delta n$$

$$\alpha_2 = \frac{2\,n_1}{4\,\pi N_L} \left(\frac{\Delta n}{c} \right) \cdot M.$$

Bei größeren Konzentrationen der Lösung muß man anstatt der reduzierten Brechungsindexdifferenz den differentiellen Wert $\frac{dn}{dc}$ das *Brechungs(index)inkrement* (genauerer spezifisches B.I.) verwenden.

Bezieht man das B.I. auf den Brechungsindex des Lösungsmittels, erhält man wie bei der Viskosität eine reduzierte Größe, die ein optisch wirksames, spezifisches Volumen angibt.

Die Polarisierbarkeit in Lösung ist also proportional dem Molekulargewicht, dem Brechungsindex und dem Brechungsinkrement.

Was uns nun interessiert, ist der Beitrag des Gelösten zur Trübung der Gesamtlösung. Wenn wir im folgenden von Trübung einer Lösung sprechen, meinen wir nur diesen Beitrag, der sich einfach aus der Differenz Lösung minus Lösungsmittel errechnet. Für diese Trübung τ muß gelten:

$$\tau = \frac{8}{3}\,\pi N_2 \left(\frac{2\,\pi}{\lambda_0} \right)^4 \alpha_2^2$$

$$= \frac{32}{3}\,\pi^3 \frac{n_1^2}{N_L\,\lambda_0^4} \left(\frac{n - n_1}{c} \right)^2 \cdot c \cdot M = H_{n,\lambda} \cdot c \cdot M.$$

Die Trübung ist also dem Molgewicht und der Konzentration proportional. Streng gilt diese Beziehung, wie bei allen konzentrationsabhängigen Eigenschaften, nur für verschwindend kleine Konzentrationen. Für höhere Konzentrationen kann man die reduzierte Trübung $\frac{\tau}{c}$ in analoger Weise wie für den osmotischen Druck in einer Virialreihe darstellen.

$$\frac{H\,c}{\tau} = \frac{1}{M} + 2\,A_2 \cdot c + 3\,A_3 \cdot c^2 + \dots$$

Die reduzierte Streuintensität

Was bisher über die insgesamt abgestrahlte Lichtenergie (Trübung) gesagt wurde, gilt im Prinzip auch für jede nach einem bestimmten Winkel Θ abgestrahlte Energie (zweckmäßigerweise auf einen Raumwinkel bezogene Intensität) Abb. 69. Man muß allerdings berücksichtigen, daß Licht eine Transversalschwingung ist und daß daher die beobachtete Intensität vom Winkel zwischen Beobachtungs- und Schwingungsrichtung abhängt.

Die Meßanordnung bei allen Lichtstreuphotometern ist ähnlich, so daß wir uns bei allen Überlegungen, die die Meßgeometrie betreffen, auf den folgenden Fall beziehen können: Das Primärlicht wird in einem parallelen Strahlenbündel auf die Probe eingestrahlt (x-Richtung). Das ausgesandte Streulicht mißt man ebenfalls in der horizontalen Ebene, die durch den Primärstrahl festgelegt wird. Der Meßwinkel Θ wird dann durch die positive Richtung von Primär- und Streustrahl definiert.

Vertikal polarisiertes Primärlicht (Abb. 70a):

Da der Schwingungsvektor hier senkrecht zu beiden Fortpflanzungsrichtungen angeordnet ist, wird seine Wirkung durch eine verschiedene Beobachtungsrichtung nicht abgeschwächt

$$I_{\Theta,v} = I_{0,v}.$$

Horizontal polarisiertes Primärlicht (Abb. 70b):

Schwingt jedoch der elektrische Vektor in der Beobachtungsebene (horizontal), so wird jeweils nur die auf die Beobachtungsrichtung senkrechte Komponente gesehen.

$$E_{\Theta} = E_0 \cdot \cos \Theta.$$

Für die Streuintensität gilt dann:

$$I_{\Theta} = I_0 \cdot \cos^2 \Theta.$$

149

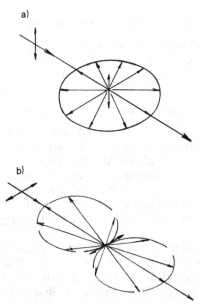

Abb. 70. Intensitätsverteilung des Streulichts; a) bei vertikal polarisiertem, b) bei horizontal polarisiertem einfallendem Licht.

Unpolarisiertes Primärlicht:

Bei Einstrahlung von unpolarisiertem Licht wird sowohl eine horizontale als auch eine vertikale Komponente, aus denen man sich das Licht zusammengesetzt denken kann, wirksam.

Im unpolaren Licht sind die beiden Normalkomponenten vollkommen gleichwertig:

$$I_{0,V} = I_{0,H} = \frac{1}{2} I_{0,U}.$$

Für das Streulicht gilt einfache Additivität:

$$I_{\Theta,U} = I_{\Theta,H} + I_{\Theta,V} = I_{0,H} \cos^2 \Theta + I_{0,V}$$

$$I_{\Theta,U} + I_{0,U} \frac{1 + \cos^2 \Theta}{2}.$$

Das Verhältnis $I_0/I_p = R$ nennt man *Rayleigh*-Verhältnis ($I_0 =$ zum Winkel $\Theta = 0$ abgestreute Streuintensität, $I_p =$ Intensität des

eingestrahlten Lichts). Für R gibt es eine analoge Abhängigkeit von Konzentration, Teilchenmasse und Brechungsindexinkrement wie für die Trübung.
Es gilt:

$$R = \frac{4\,\pi^2\,n^2}{N_2\,\lambda_0^4}\left(\frac{\partial n}{\partial c}\right)^2 \cdot c \cdot M = K \cdot c \cdot M.$$

Bei kleinen streuenden Teilchen ist die nach allen Winkeln abgestreute Lichtintensität, abgesehen vom Polarisationsfaktor und eventuell durch die Meßgeometrie bedingten Abweichungen, gleich

$$I_\Theta = I_0.$$

Unter Berücksichtigung des Polarisationsfaktors gilt dann für die in Richtung des Winkels Θ ausgesandte Streustrahlung

$$R_{\Theta,\mathrm{V}} = \frac{I_{\Theta,\mathrm{V}}}{I_{\mathrm{p,\,V}}} = \frac{4\,\pi^2\,n^2}{N_2\cdot\lambda_0^4}\left(\frac{\partial n}{\partial c}\right)^2 \cdot c \cdot M = K_\mathrm{V} \cdot c \cdot M$$

$R_{\Theta,\mathrm{V}} =$ beim Winkel Θ bestimmtes *Rayleigh*-Verhältnis, bei vertikal polarisiertem Primärlicht

bzw. für unpolarisiertes Licht

$$R_{\Theta,\mathrm{U}} = K_\mathrm{V}\,\frac{1+\cos^2\Theta}{2}\cdot c \cdot M.$$

7.3.2.2. Streuung an großen Teilchen

Intrapartikuläre Interferenzen

Bis jetzt wurde nur der Einfluß der Masse (M) der streuenden Teilchen (oder Bereiche) berücksichtigt, nicht aber die Wirkung ihrer Ausdehung auf die Lichtstreuung. Wir haben also so getan, als wären die Teilchen punktförmig. Dadurch, daß alle uns interessierenden Teilchen doch eine gewisse Ausdehnung haben, ist die Wechselwirkung mit den einfallenden Lichtwellen nicht mehr so einfach. Es kann zur Interferenz von Streulichtanteilen kommen, die von verschiedenen Punkten desselben Teilchens aus abgestrahlt werden (Abb. 71).
Die unter dem Winkel Θ abgestrahlten Streuwellen haben bis zum Aufpunkt optische Wege zurückzulegen, die sich um Δs unterscheiden. Daraus ergibt sich die bekannte Interferenzerscheinung. Ist Δs ein einfaches Vielfaches der Wellenlänge λ,

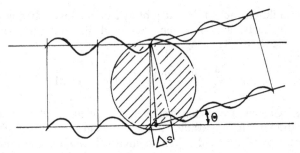

Abb. 71. Interferenzen von Streuwellen, die aus zwei entfernten Punkten am selben Teilchen ihren Ausgang nehmen.

kommt es zur Verstärkung, sonst zur Schwächung des Streulichts durch Addition der Wellen.

$$\Delta s = d \sin \Theta.$$

Für jene Θ-d-Paare, für die die Beziehung

$$d \sin \Theta = \left(n + \frac{1}{2}\right)$$

erfüllt ist, wird das Streulicht vollständig ausgelöscht.

Geht man vom Winkel $\Theta = 0$ aus zu größeren Winkeln über, sinkt die Intensität der Streustrahlung (Abb. 72). Diese Winkel-

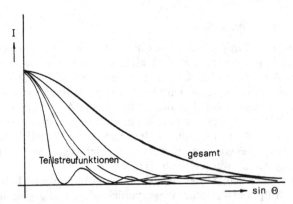

Abb. 72. Winkelabhängigkeit der Streustahlung (Streufunktion) bei einem gegen die Lichtwellenlänge größeren Teilchen.

abhängigkeit der Streustrahlung ist eine sehr wichtige Größe. Man nennt sie *Streufunktion* P (Θ). Sie ist die Summe der Wirkung aller im Teilchen auftretenden Abstände. Sie fällt schnell ab für die (selten auftretenden) großen Abstände und langsam für die häufigen kleinen Abstände.

Die mathematische Formulierung dieses eben angegebenen Additionsvorganges für alle Abstände wird durch die *Debye*sche Streuformel wiedergegeben:

$$I = \sum_i \sum_j \frac{\sin [s\, r_{ij}]}{s\, r_{ij}} \qquad s = \frac{4\,\pi}{\lambda} \sin \frac{\Theta}{2}.$$

Die Summierung ergibt für ein flexibles Kettenmolekül die Beziehung

$$I = \frac{2}{x^2} [1^{-x} - (1 - x)] \qquad x = \frac{s^2\, R^2}{6}$$

R = Streumassenradius.

Die Form der Streufunktion hängt ab von der Abstandsstatistik der im Teilchen vorhandenen streuenden Zentren. Abb. 73 zeigt die wichtigsten Arten von Streufunktionen. Bei sehr kleinen Teilchen (Punktstreuer, die praktisch kleiner sind als $\lambda/20$) findet man keine Winkelabhängigkeit, weil keine intrapartikulären Interferenzen auftreten. Im Kristall finden sich dagegen nur ganz bestimmte Abstände, was zu einem charakteristischen Beugungsbild eines Punktgitters führt. Alle anderen Teilchenformen liefern entsprechend abfallende Streufunktionen (in Abb. 73 wird statt des Streuwinkels Θ der theoretisch besser verwendbare Streuparameter $s = \dfrac{4\,\pi}{\lambda} \sin \dfrac{\Theta}{2}$ benutzt).

Streumassenradius

Die Streufunktion fällt um so steiler ab, je größer die streuenden Teilchen sind. Bei sehr kleinen Streuparametern läßt sich die Streufunktion jeden Teilchens, ganz gleich welcher Gestalt, durch eine e-Potenz beschreiben

$$P\, (\Theta) = \frac{I_\Theta}{I_0} = e^{-\, K\, R^2\, \sin^2 \frac{\Theta}{2}} \qquad (Guinier)$$

R ist darin ein Maß für die Teilchengröße, der sogenannte *Streumassenradius*, der analog dem Trägheitsradius als quadrati-

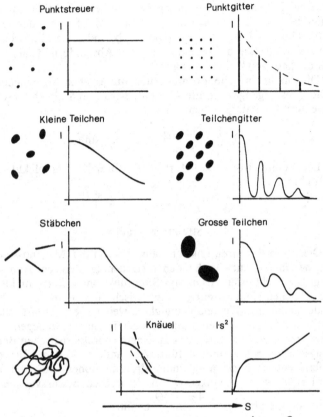

Abb. 73. Verschiedene Arten von Streufunktionen; $s = \dfrac{4\pi}{\lambda} \sin \dfrac{\Theta}{2}$.

scher Mittelwert der Abstände aller n-Streuzentren vom Teil-
chenschwerpunkt definiert ist

$$R = \frac{\sum\limits_{1}^{n} r_i^2}{n}$$

r_i = Streuzentrenabstand, n = Gesamtzahl der Streuzentren.

Der Streumassenradius ist das gewünschte Maß für die Vo-
lumserstreckung der Moleküle.

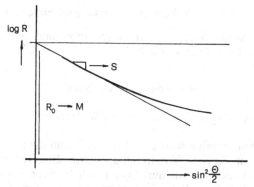

Abb. 74. *Guinier*-Auftragung der Streufunktion. Bei kleinen Winkeln ist die Funktion lg R_θ vs sin² $\dfrac{\Theta}{2}$ linear.

Aus der *Guinier*schen Formel folgt unmittelbar, daß die Streufunktion P (Θ) bei $\Theta = 0$ eins ist, d. h., daß dort keine Schwächung des Streulichts durch Interferenz eintritt. Diese Tatsache könnte man auch leicht anhand einer Skizze direkt erschließen. Bei $\Theta = 0$ treten je keine Wegdifferenzen zwischen den Strahlen im Bündel auf (in Phase), es kann also zu keiner Schwächung kommen.

Der Streulichtanteil beim Meßwinkel Null ist also der einzige ungeschwächte, man kann also nur ihn zur Bestimmung des Molekulargewichts benutzen. Dazu ist eine Extrapolation von Meßergebnissen bei größeren Winkeln notwendig, weil man ja die Streuung inmitten des Primärstrahls nicht messen kann. Die *Guinier*sche Formel erlaubt uns eine Linearisierung der Streufunktion und damit eine einwandfreie Extrapolation (Abb. 74).

Auswertung nach Zimm

In der Praxis hat sich auch eine Extrapolation nach *Zimm* bewährt, die von der Tatsache ausgeht, daß sich jede negative e-Potenz als Potenzreihe darstellen läßt.

$$e^{-x} = 1 - \frac{x}{1!} + \frac{x^2}{2!} + \frac{x^3}{3!} + \ldots \rightarrow 1 - x \text{ für kleines x}, \quad \frac{1}{1-x} \approx 1 + x$$

$$\frac{1}{P(\Theta)} = 1 + \frac{16}{3}\pi^2 \frac{R^2}{\lambda^2} \sin^2 \frac{\Theta}{2} + \ldots$$

155

Bei kleinen Winkeln kann man die Glieder höherer Potenzen vernachlässigen, so daß man in einer Auftragung $\dfrac{1}{R}$ die Streufunktion auf $\Theta = 0$ extrapolieren kann.

7.3.2.3. Konzentrationsabhängigkeit der Streustrahlung

Schwankungstheorie; Streuung reiner Flüssigkeiten

Wie schon erwähnt wurde, läßt sich die Trübung als Funktion der Konzentration als Virialreihe darstellen. Eine Extrapolation ist auch in diesem Fall nur dann möglich, wenn einwandfrei feststeht, daß diese Reihe mit einem linearen Glied beginnt. Hier kann uns die molekulare Betrachtungsweise nicht gut weiterbringen, sondern man muß die Thermodynamik der Gesamtlösung berücksichtigen. Auf dieser Basis haben *Einstein* und *Smoluchowski* eine theoretische Erklärung für die Streuung von Lösungen gegeben.

Es streuen ja nicht nur Lösungen, sondern auch reinste Flüssigkeiten; die Streuung von hochgereinigtem Benzol wird sogar als Absolutstandard zur Eichung der Meßgeräte verwendet. Diese Streuung beruht darauf, daß durch die thermische Bewegung der Flüssigkeitsmoleküle örtlich zeitweise die Flüssigkeit verdichtet oder verdünnt wird. Die dichteren Bereiche haben einen höheren Brechungsindex und sind von Bereichen geringer Brechkraft umgeben. Solche Bereiche streuen natürlich das Licht.

Die Verdichtung wird hervorgerufen durch die thermische Energie kT in der Flüssigkeit und muß gegen die isotherme Kompressibilität β geleistet werden.

Für die Polarisierbarkeit ergibt sich

$$\alpha = \frac{1}{2\,\pi}\,\sqrt{k\,T\,\beta}\cdot n\,d\left(\frac{\partial n}{\partial\alpha}\right)$$

d = Dichte.

Woraus sich für die Trübung einer reinen Flüssigkeit errechnet

$$\tau\cdot d = \frac{32}{3}\cdot\frac{\pi^3}{\lambda_0^4}\,n^2\,k\,T\cdot\beta\left[d\left(\frac{\partial n}{\partial d}\right)\right]^2$$

Streuung von Lösungen

Eine ganz ähnliche Überlegung läßt sich auch für die Streuung einer Lösung ausstellen, wenn man sie als ein Kontinuum auffaßt, in dem Konzentrationsschwankungen Unterschiede im mittleren Brechungsindex des Mediums bewirken.

Die lokale Erhöhung der Konzentration wird hierbei gegen den osmotischen Druck geleistet, der ja eine weitestgehende Verteilung der Teilchen zu erreichen trachtet.

Per analogiam läßt sich für die Konzentrationsschwankungen dann die folgende Beziehung angeben:

$$\tau \approx \tau_c = \frac{32}{3} \frac{\pi^3}{\lambda_0^4} n_1^2 \, k \, T \, \frac{c}{\left(\dfrac{\partial \pi}{\partial c}\right)_T} \cdot \left(\frac{\partial n}{\partial c}\right)_T^2$$

Für die Darstellung der Konzentrationsabhängigkeit des osmotischen Drucks hat sich die bekannte Virialdarstellung eingebürgert:

$$\pi = R \, T \left(\frac{c}{M} + A_2 \, c^2 + A_3 \, c^3 + \dots \right)$$

oder abgeleitet nach c:

$$\left(\frac{\partial \pi}{\partial c} \right)_T = R \, T \left(\frac{1}{M} + 2 \, A_2 \, c + 3 \, A_3 \, c^2 + \dots \right).$$

Für die Trübung ergibt sich hiermit nach der Schwankungstheorie der Ausdruck:

$$\tau = \frac{32}{3} \, \pi^3 \, \frac{n_1^2}{N_L \, \lambda_0^4} \left(\frac{\partial n}{\partial c} \right)_T^2 \cdot \frac{c}{\left(\dfrac{1}{M} + 2 \, A_2 \, c + 3 \, A_3 \, c^2 + \dots \right)}$$

$$= \frac{H \, c}{\dfrac{1}{M} + 2 \, A_2 \, c + 3 \, A_3 \, c^2 + \dots}.$$

Somit ist die angegebene Extrapolationsformel

$$\frac{H \, c}{\tau} = \frac{1}{M} + 2 \, A_2 \, c + 3 \, A_3 \, c^2 + \dots$$

auch theoretisch begründet und zeigt, daß der hier auftretende Koeffizient A_2 mit dem zweiten osmotischen Virialkoeffizienten identisch ist. Seine physikalische Bedeutung läßt sich aus der thermodynamischen Theorie des osmotischen Drucks verstehen (Überschuß an freier Enthalpie, verursacht durch energetische Wechselwirkung und Verminderung der Entropie durch das endliche Eigenvolumen der Teilchen).

Dieselben Überlegungen lassen sich auch für die reduzierte Streuintensität anstellen.

$$\frac{K\,c}{R_0} = \frac{1}{M} + 2\,A_2\,c + 3\,A_3\,c^2 + \dots$$

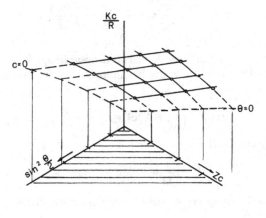

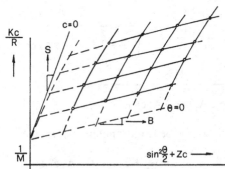

Abb. 75. Auftragung von $K_v \cdot c/R_0$ gegen $\sin^2\dfrac{\Theta}{2}$ und c; oben: dreidimensionale Darstellung, unten: *Zimm*-Projektion in eine Ebene.

K für vertikal polarisiertes Licht:

$$K_v = \frac{4\,\pi^2\,n_1^2}{N_L\,\lambda_0^4} \left(\frac{\partial n}{\partial c}\right)_T^2$$

K für unpolarisiertes Licht:

$$K_u = \frac{4\,^2n_1^2}{N_L\,\lambda_0^4} \left(\frac{\partial n}{\partial c}\right)^2 \frac{2}{1+\cos^2\Theta}.$$

Für die Bestimmung der Molmasse ist eine Extrapolation der Meßwerte sowohl auf $c \to 0$ als auch auf $\Theta \to 0$ erforderlich. Da bei kleinen Werten von c und 0 jeweils für $\dfrac{K \cdot c}{R_\Theta}$ ein einfach linearer Zusammenhang besteht, trägt man nach *Zimm* zweckmäßigerweise $K \cdot c/R_\Theta$ gegen c und gegen $\sin^2 \dfrac{\Theta}{2}$ auf und extrapoliert auf die Idealbedingungen. Dies kann auch in einem Netzdiagramm geschehen $\left(K \cdot c/R_\Theta \text{ vs. } \sin^2 \dfrac{\Theta}{2} + Z \cdot c\right)$. Dieses Verfahren stellt eine Projektion einer dreidimensionalen Darstellung in die Ebene dar (siehe Abb. 75).

7.3.2.4. Streuung von Lösungen verschieden großer Teilchen

Bei Polymerlösungen haben wir es in der Praxis nie mit einem einheitlichen System zu tun. Die Moleküle haben eine bestimmte Verteilungsfunktion hinsichtlich ihrer Masse (Massenpolydispersität) und ihrer Gestalt (Gestaltspolydispersität).

Alle Moleküle der gleichen Sorten streuen einheitlich; sie geben eine lineare *Guinier*-Funktion (Abb. 76).

Man mißt nur einen Mittelwert, u. z. das *Gewichtsmittel,* was man leicht versteht, wenn man berücksichtigt, daß die reduzierte Streuung dem Molekulargewicht proportional ist. Ein Teilchen der Masse 2 strahlt doppelt so stark wie zwei Teilchen der Masse 1 zusammen. Man sieht aus der *Guinier*schen Auftragung, daß insbesondere bei kleinem Winkel die Rolle der großen Teilchen dominiert. Die Teilchenmasse spielt bei großen Winkeln keine so große Rolle mehr. *Benoit* konnte zeigen, daß durch Anlegen der Tangenten bei großen bzw. kleinen Winkeln im *Zimm*-Diagramm theoretisch sowohl ein Wert für das Zahlenmittel, wie auch für das Gewichtsmittel gefunden werden

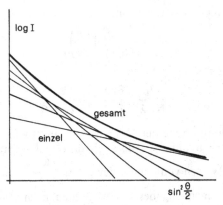

Abb. 76. Streuung einer Lösung mit verschieden großen Teilchen. Gleich große Teilchen geben in der *Guinier*-Darstellung eine lineare Streufunktion. Summierung aller verschiedenen Streufunktionen ergibt die gekrümmte Gesamtstreufunktion.

kann. Dies setzt allerdings voraus, daß man die ganze Streufunktion $0 < s < \infty$ kennt. Praktisch ist das aber nie der Fall, man kann mit den vorhandenen Geräten meist nur einen engen Ausschnitt der Streufunktion messen.

Die normale Massenuneinheitlichkeit eines Polymeren (Polydispersität erster Ordnung) kommt normalerweise im verfügbaren Abschnitt der Lichtstreufunktion nicht merklich zum Ausdruck. Dagegen sieht man sehr deutlich, wenn in der Lösung neben einfachen Makromolekülen auch noch wesentlich größere Teilchen (Assoziate oder Aggregate von Makromolekülen, Gelteilchen, Staubpartikel) vorhanden sind. Diese streuen zu kleinen Winkeln hin sehr stark, wodurch sich die Streufunktion bei kleinen Θ-Werten nach aufwärts (in der Reziprokdarstellung nach abwärts) krümmt. Der durch Extrapolation auf $\Theta \to 0$ erhaltene Mittelwert der Molmasse wird dadurch erheblich verfälscht. Aus diesem Grund müssen auch die Lösungen vor der Messung der Lichtstreuung durch Ultrafiltration oder Zentrifugieren sorgfältig vom Staub befreit werden.

Andererseits kann man die Empfindlichkeit der Lichtstreumethode für große Teilchen auch für die Untersuchung von Lösungen benutzen, in denen Makromoleküle assoziieren. Solche

Assoziationsvorgänge spielen besonders bei Biopolymeren oft eine wichtige Rolle

7.3.2.5. Streuung optisch anisotroper Systeme

Die bisherigen Überlegungen galten streng nur für kugelige Teilchen. Sind die streuenden Teilchen aber längsgestreckt oder plattgedrückt (anisotrop), wird zusätzlich der Polarisationszustand des Streulichts verändert. Ein optisch anisotropes Teilchen ist nach verschiedenen Richtungen hin verschieden gut polarisierbar. Die Spitzen aller möglichen Polarisierbarkeitsvektoren beschreiben dann ein Ellipsoid (Polarisierbarkeitsellipsoid). Abb. 77 zeigt, was in einem solchen Teilchen geschieht, wenn es von einer vertikal polarisierten Strahlung erfaßt wird. Der einfallende Strahlenvektor E kann in zwei Komponenten in Richtung der Hauptachsen des Polarisierbarkeitsellipsoids $\vec{E}_a$ und $\vec{E}_b$ zerlegt werden. Diese induzieren entsprechend der Polarisierbarkeit α verschiedene Polarisationen $\vec{S}_a = \vec{E}_a \cdot \alpha_a$ und $\vec{S}_b = \vec{E}_b\,\alpha_b$, die sich zu einem nun schräg liegenden Polarisations-

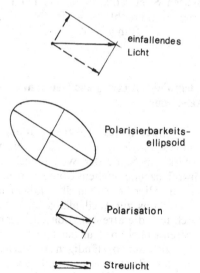

einfallendes Licht

Polarisierbarkeits- ellipsoid

Polarisation

Streulicht

Abb. 77. Depolarisation des Streulichts durch ein optisch anisotropes Teilchen.

vektor $\vec{S}$ zusammensetzen. Im Streulicht tritt dadurch eine horizontal polarisierte Komponente $\vec{H}_S$ auf.

Betrachtet man das unter $\Theta = 90°$ abgestrahlte Licht, sollte man in einem isotropen Medium nur vertikal polarisiertes Streulicht feststellen können, denn nur die vertikal polarisierte Komponente der Streustrahlung verursacht eine erzwungene Schwingung, die im rechten Winkel eine Transversalschwingung aussendet (siehe Abb. 70). Sind die streuenden Teilchen aber optisch anisotrop, wird das Streulicht in obiger Weise depolarisiert und man kann auch eine horizontal polarisierte Streulichtkomponente feststellen. Das Verhältnis Horizontal- zu Vertikalkomponente ist ein Maß für die optische Anisotropie der streuenden Teilchen. Es wird als „Depolarisationsgrad" (Symbol ϱ oder Δ) bezeichnet und folgendermaßen definiert:

$$\Delta = \frac{I_H}{I_V}; \qquad \Delta_U = \frac{I_{HU}}{I_{VU}}; \qquad \Delta_V = \frac{I_{HV}}{I_{VV}}$$

Δ = Depolarisationsgrad, I_H = Intensität der horizontal polarisierten Streulichtkomponente bei $\Theta = 90°$, I_V = Intensität der vertikal polarisierten Streulichtkomponente bei $\Theta = 90°$, U = für unpolarisiertes Primärlicht, V = für vertikal polarisiertes Primärlicht.

7.3.3. Röntgenkleinwinkelstreuung und Neutronenkleinwinkelstreuung

Was für die Lichtstreuung gesagt wurde, gilt alles im Prinzip auch für die Streuung von Röntgenlicht. Die Teilchenstrahlung von Neutronen wirkt im Sinne der Wellenmechanik ebenfalls wie eine sich fortpflanzende Wellenstörung und kann an Teilchen gebeugt werden. Hier haben wir aber immer mit Teilchen zu tun, die im Verhältnis zur Wellenlänge der Strahlung sehr groß sind. Dadurch fällt die Streufunktion sehr schnell mit größer werdendem Streuwinkel ab. Nur bei sehr kleinen Streuwinkeln kommt es nicht zu einer vollständigen Auslöschung.

Betrachtet man die Röntgenstreuung, haben wir für die Größe der Streuamplitude (= Wurzel aus der Streuintensität) hier ein sehr anschauliches Maß, nämlich die Zahl der (Gramm-)

Elektronen pro Volumseinheit, die Elektronendichte d_{el}

$$d_{el} = \frac{\Sigma \text{ Ordnungszahlen}}{\Sigma \text{ Atomgewichte}} \cdot d$$

d = Dichte.

Die Summierung kann man dabei auf jede beliebige Menge beziehen.

Ist die Elektronendichte eines Teilchens gleich groß wie die seiner Umgebung (Lösungsmittel), dann „sieht" der Röntgenstrahl das Teilchen überhaupt nicht, das Molekül streut nicht. Für die Streuung maßgebend ist nur der Unterschied der Elektronendichten zwischen Partikel und Lösungsmittel. Dabei spielt es keine Rolle, ob dieser Unterschied positiv oder negativ ist, d. h., ob das Teilchen eine höhere oder niedrigere Elektronendichte aufweist als die Umgebung. Die Elektronendichtedifferenz spielt in der Röntgenkleinwinkelstreuung eine völlig analoge Rolle, wie das Brechungsinkrement in der Lichtstreuung.

Aus der auf den Streuwinkel $\Theta = 0$ extrapolierten Absolutintensität kann man auch mit dieser Methode das Molekulargewicht berechnen.

$$\underset{\substack{\Theta \to 0 \\ c \to 0}}{I} = K \cdot M \cdot c \cdot d_{el}^2$$

K ist eine Konstante aus universellen (z. B. Streuung eines Einzelelektrons) und apparativen Größen (Präparatdicke, Registrierebenenabstand etc.).

Analoges gilt auch für die Streuung von Neutronen. Bei dieser Methode tritt aber an die Stelle der Elektronendifferenz die sogenannte „Streulängendifferenz". Die Neutronen treten fast ausnahmslos mit den Atomkernen der bestrahlten Moleküle in Wechselwirkung, wobei sie die Kerne sowohl unelastisch (spektroskopische Wechselwirkung) als auch elastisch (Streuung) anregen können. Verschiedene Kerne können verschieden leicht angeregt werden. Selbst Isotope desselben Elements unterscheiden sich in ihrer Anregbarkeit oft erheblich. Dadurch kann man z. B. bestimmte Moleküle durch Austausch ihrer Wasserstoffatome gegen Deuterium für die Neutronenstreuung markieren.

Diesem Vorteil der Neutronenstreumethode stehen praktische Nachteile gegenüber: Die Neutronen treten sehr viel schwächer mit Materie in Wechselwirkung als Röntgenstrahlen, daher braucht man sehr wirksame Strahlenquellen und empfindliche Meßgeräte. Die sogenannten „thermischen" Neutronen mit Wellenlängen von 0,1 – 1 mm werden in Kernreaktoren erzeugt, die Streustrahlung wird mit aufwendigen Neutronenzählern gemessen.

7.3.3.1. Aussagemöglichkeiten der Partikelstreumethoden

Genau wie bei der Lichtstreuung kann man aus der auf den Streuwinkel $\Theta = 0$ und verschwindende Konzentration extrapolierten Absolutwert der Streuung das *Gewichtsmittel* des Molekulargewichts ermitteln.

Die Streufunktion selbst enthält aber in den meisten Fällen viel mehr Information als die mit sichtbarem Licht gemessene. Das langwellige Licht „sieht" im allgemeinen nur das Gesamtteilchen und kann daher auch nur eine gemittelte Größe über die Volumenserstreckung des Moleküls liefern, nämlich den Streumassenradius.

Der kurzwellige Röntgen- oder Neutronenstrahl dagegen spricht auch auf die Details der inneren Teilchenstruktur an und spiegelt sie in verzerrter Form in der Streukurve wider.

Kompakte Teilchen

Jede Teilchengestalt ergibt eine spezielle Streukurve, die sich theoretisch errechnen läßt. Durch Vergleich von praktisch gemessenen Streufunktionen mit den theoretisch errechneten kann man für den Fall von annähernd homodispersen Lösungen sowohl die Teilchengestalt als auch die Teilchengröße ermitteln.

Knäuelmoleküle

Je nach der Größe des Streuwinkels spiegelt sich im Streukurvenverlauf eine Struktureigentümlichkeit bestimmter Größenordnung wider. Bei kleinen Winkeln wird das Knäuelmolekül nur in seinen Umrissen abgetastet; die Streukurve verläuft hier wie bei der Lichtstreuung nach einer e-Potenz (*Gauß*scher Bereich). Bei mittleren Streuwinkeln werden Abschnitte des Molekülfadens erfaßt (wurmförmiger Faden; *Debye*-Bereich). Bei größeren Streuwinkeln dagegen spricht der Röntgenstrahl auf so kurze Molekülabschnitte an, daß die Fadenkrümmung keinerlei Rolle mehr spielt. In diesem Streuwinkelbereich entspricht die

Streuung der einer Lösung vollkommen ungeordnet verteilter starrer Stäbchen (Nadelgas). Während mit sichtbarem Licht nur kleine Werte von $s = \dfrac{4\pi}{\lambda} \sin \dfrac{\Theta}{2}$ gemessen werden können, erfaßt man mit kurzwelliger Strahlung die gesamte Streufunktion.

Durch eine geeignete Auftragung $I \cdot s^2$ vs. $\dfrac{\Theta}{2}\left(\dfrac{\Theta}{2} \approx \sin \dfrac{\Theta}{2}\right.$ bei sehr kleinen Winkeln$\left.\right)$ lassen sich die Bereiche sehr gut sichtbar machen. Aus der Lage des Übergangspunktes vom *Debye*-Bereich zum Nadelgasbereich kann man ein Maß für den Verknäuelungsgrad des Moleküls gewinnen (Abb. 78). In der RKW-Streuung wird nach *Porod* dafür allgemein die Persistenzlänge a verwendet, worunter man jene Länge versteht, die ein Molekülsegment im Mittel haben muß, damit seine Enden miteinander

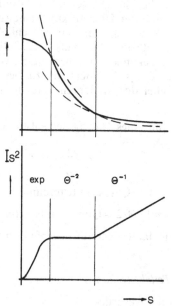

Abb. 78. Streufunktion von Knäuelmolekülen im Röntgen-(Neutronen-) kleinwinkelbereich $s = \dfrac{4\pi}{\lambda} \sin \dfrac{\Theta}{2}$.

einen Winkel einschließen, dessen $\cos = \dfrac{1}{e}$ ist. Für statistische Knäuel ist die Persistenzlänge gleich der halben Länge des statistischen Fadenelements nach *Kuhn*:

$$a = A/2.$$

Querschnittsdimensionen

Durch die kleine Wellenlänge der Partikelstrahlen spielt hier im Gegensatz zur Lichtstreuung auch der endliche Fadenquerschnitt eine Rolle. Man kann also unmittelbar auch den Querschnitt des Fadens messen und seine Massenbelegung ermitteln. Daraus ergibt sich:

1. Eine Kontrolle, ob der Faden einfach oder gebündelt vorliegt (seitliche Assoziate).
2. Bei Helices oder regelmäßig gefalteten Ketten ergibt sich eine etwas zu hohe Massenbelegung, weil nur die Projektion auf die Längsachse der Überstruktur gemessen wird. Daraus kann man auf die Faltung oder Helicität schließen.
3. Ist der Querschnitt des Moleküls hinsichtlich Größe und Massenbelegung bekannt, kann man diesen Wert dazu benützen, den Verlauf des $1/\Theta$-Bereichs zu berechnen und die Streukurve so über den meßbaren Bereich hinaus zu verlängern.

Die Streufunktion eines Nadelgases entspricht allgemein der Form

$$I = I_2 \cdot \frac{2}{\Theta}$$

I_2 = Querschnittstreuung.

$I_2 = I \cdot \Theta/2$ = Querschnittsfaktor.

Der Querschnittsfaktor verläuft ebenfalls nach einer *Gauß*schen Kurve.

Bestimmung des Teilchenvolumens

Nach *Porod* ist der Ausdruck

$$Q = \int_0^\infty I \cdot \left(\frac{\Theta}{2}\right)^2 d\frac{\Theta}{2}$$

nur abhängig vom Gesamtvolumen der streuenden Phase und heißt „*Invariante*". Die $\Theta = 0$-Streuintensität ist der Teilchenmasse und damit bei konstanter Dichte dem Teilchen-Volumen proportional. Daraus ergibt sich eine einfache Methode, das Teilchenvolumen V und dessen mittlere Dichte zu messen

$$V = \frac{I_0}{Q} \cdot \frac{(\lambda I)^3}{4 \pi}$$

I = Abstand Präparat − Registrierebene.

Aussagemöglichkeiten über dicht gepackte Systeme

Ein dichtgepacktes Zweiphasensystem (konzentr. Lösung, Suspension, Emulsion) ergibt ebenfalls eine intensive RKW-Streuung. Aus dieser Streuung kann man einige das System kennzeichnende Größen ableiten: So versteht man unter der „*Durchschußlänge*" die mittlere Gesamtlänge, die ein Strahl an optisch dichterer Materie durchstößt.

In einem schwammartig aufgebauten System durchtritt der Röntgenstrahl abwechselnd dichteres und dünneres Medium. Die Streuung hängt von der Weglänge in den einzelnen Medien, also vom Verteilungsgrad der Phasen ab. Gekennzeichnet wird die mittlere Weglänge l_c durch die *integrale Korrelationsfunktion*

$$l_c = \frac{2 \int_0^\infty I \cdot d}{Q}.$$

Eine Streufunktion eines Zweiphasensystems muß obendrein bei großen Winkeln einem Θ^{-4}-Verlauf zustreben. Die mit Θ^4 multiplizierte Kurve erreicht daher einen konstanten Wert, der der relativen *inneren Oberfläche* (das ist die Größe der Phasengrenzfläche im Kubikzentimeter) proportional ist.

$$\lim_{\Theta \to \infty} (I \cdot \Theta^4) = k \qquad O_r \approx \frac{w \cdot k}{Q}$$

O_r = innere Oberfläche, w = Gewichtsanteil der dispersen Phase, Q = Invariante.

7.3.4. Optische Asymmetrie (chiro-optische Eigenschaften)

Bei der Besprechung der Wechselwirkung der elektromagnetischen Wellen mit der zu untersuchenden Substanz sind wir schrittweise vorgegangen. Zuerst haben wir einen punktförmigen Oszillator im Vakuum betrachtet. Dann wurde auch das umgebende Medium berücksichtigt, dann die räumliche Teilchenausdehnung, wobei wieder zuerst der einfachere Fall eines isotropen Teilchens, dann auch eines anisotropen betrachtet wurde. Es fehlt nur noch ein zusätzlicher Teilchenparameter, nämlich die Teilchensymmetrie.

Besitzt ein Teilchen weder eine Symmetrieebene noch ein Symmetriezentrum, wird zusätzlich der Circularpolarisationszustand des eingestrahlten Lichts verändert. Solche Systeme bezeichnet man „chiral" oder „händisch", weil sie wie zwei Handschuhe eines Paares mit ihrem Komplementärsystem nicht zur Deckung gebracht werden können. Als Modell für ein solches asymmetrisches Teilchen soll der Einfachheit halber eine

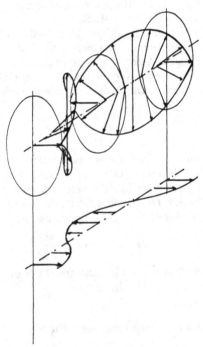

Abb. 79. Darstellung von linear polarisiertem Licht als Summe zweier gegenläufig circular polarisierter Komponenten.

Schraube dienen. Diese Schraube wird in Achsenrichtung mit linear polarisiertem Licht bestrahlt.

Dieses Licht kann man sich entweder so vorstellen, daß der elektromagnetische Schwingungsvektor ständig seine Richtung beibehält und mit der Zeit sinusförmig seine Größe ändert. Dabei müßte der Vektor in regelmäßigen Abständen den Betrag Null annehmen, also verschwinden (siehe Abb. 79).

Leichter ist es, sich die linear polarisierte Schwingung als das Resultat zweier entgegengesetzter zirkular polarisierter Komponenten vorzustellen. Dabei ändert der Vektor nicht seinen Betrag, sondern seine Richtung, er dreht sich mit konstanter Geschwindigkeit um die Fortpflanzungsrichtung. Die elektromagnetische Störung „schraubt sich" gleichsam durch das Medium. Zwei solche gegenläufige Störungen ergeben zusammen die Wirkung einer linear polarisierten Welle. In einem Medium, das selbst schraubensymmetrisch ist, wird entweder das links- oder das rechtspolarisierte Licht längere Zeit in dem optisch-dichteren Medium schwingen, als das im Gegensinne polarisierte Licht. Dabei wird diese Komponente sowohl verlangsamt (Phasenverzögerung → Brechungsindex) als auch geschwächt (Amplitudendämpfung → Absorption). Die beiden Lichtkomponenten sind also nach Durchstrahlen der Probe verschieden: diese Erscheinung heißt *Cotton*-Effekt.

Werden das rechts- und linkspolarisierte Licht verschieden stark absorbiert, sind die Amplituden der austretenden Lichtkomponenten verschieden groß. Zusammengesetzt ergeben sie einen Schwingungsvektor, der sowohl seinen Betrag als auch seine Richtung regelmäßig ändert (siehe Abb. 80). Ein solches Licht nennt man „elliptisch polarisiert"; das Verhältnis der Maximal- zur Minimalintensität heißt „Elliptizität" und ist ein Maß für die Asymmetrie des durchstrahlten Mediums bezüglich der Absorption. Genau wie die Absorption selbst ist der *Cotton*-Effekt stark von der Wellenlänge des eingestrahlten Lichts abhängig. Die Messung der Wellenlängenabhängigkeit der Elliptizität oder der Differenz für Absorption von rechts- und linkspolarisiertem Licht, des *Circulardichroismus* (CD), ist eine wichtige Methode zur Charakterisierung von optisch asymmetrischen Systemen.

In Abb. 80 sieht man auch, daß bei Bestrahlung einer asymmetrischen Probe mit linear polarisiertem Licht durch die unterschiedlichen Brechungsindices für rechts- und linkspolarisiertes

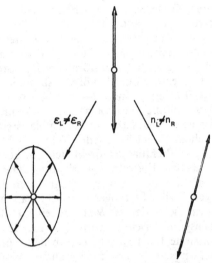

Abb. 80. Wirkung eines asymmetrischen Mediums auf den Polarisationszustand des durchtretenden Lichts. Drehung der Rotationsebene durch $n_R \neq n_L$ und Entstehung von elliptisch polarisiertem Licht durch $\varepsilon_R \neq \varepsilon_L$.

Licht wohl aus der Probe wieder ein linear polarisiertes Licht austritt, dessen Schwingungsrichtung ist jedoch gegenüber der Einfallsebene verdreht. Der Drehwinkel α beschreibt die *optische Rotation*.

Circulardichroismus und optische Rotation faßt man als chiro-optische Effekte zusammen. Die Wellenlängenabhängigkeit der optischen Rotation wird allgemein als *„Optische Rotations-Dispersion"* (ORD) bezeichnet.

ORD als auch CD hängen in gleicher Weise von der Konzentration und der Schichtdicke ab, es gilt also einerseits das *Lambert-Beer*sche Gesetz, andererseits dasselbe Gesetz wie für die einfache optische Drehung $\alpha = [\alpha] \cdot c \cdot d$.

Molrotation: $$\Phi = \frac{[\alpha]\,M}{100}$$

$[\alpha]$ = spezifische Drehung, Φ = Molrotation, M = Molmasse.

Ähnliche Abhängigkeiten gelten für die Elliptizität Θ. Dieses errechnet sich aus

$$\Theta = f(\varepsilon_L - \varepsilon_R)$$

f = Faktor aus geometrischen und molekularen Konstanten,
$\varepsilon_{L,R}$ = Extinktionskoeffizient für links- bzw. rechtspolarisiertes Licht.

Wellenlängenabhängigkeit der chiro-optischen Effekte

Sowohl die rechts- als auch die linksdrehende Komponente des in Wechselwirkung tretenden Lichts sind in gleicher Weise von der Wellenlänge abhängig. Die Wellenlängenabhängigkeit der chiro-optischen Effekte ist dann, wenn nur ein Absorptionsgebiet vorliegt, völlig analog (plain curve). Abb. 81 zeigt die

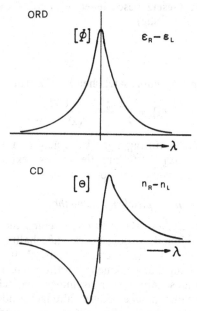

Abb. 81. Wellenlängenabhängigkeit der chiro-optischen Eigenschaften. λ = Wellenlänge, n = Brechungsindex, ORD = Opt. Rotationsdispersion, $[\Phi]$ = Molrotation, ε = Extinktionskoeffizient, CD = Circulardichroismus, $[\Theta]$ = Elliptizität, r = rechts, l = links.

daraus resultierenden Summenkurven, die sowohl positive als auch negative Werte annehmen können.

Das Wellenlängengebiet einer optisch aktiven Absorptionsbande nennt man *Cotton*-Bande.

Die quantitative Auswertung der beiden korrellierten Effekte erfolgt nach den angegebenen additiven Gesetzen.

In der Praxis können sich zusätzlich zwei Schwierigkeiten ergeben:

a) Überlappung von Banden wie bei allen spektralen Methoden. Die Schwierigkeiten sind hier besonders groß, weil ja die Effekte sowohl positiv wie auch negativ sein können.
b) Die Absorptionsbande liegt außerhalb des direkt meßbaren Bereichs.

Hier kann man sich die Tatsache zunutze machen, daß die Banden als Differenz von Absorptionsbanden durch dasselbe mathematische Gesetz beschrieben werden können, wie diese selbst (*Drude*-Gleichung).

$$[\alpha]_\lambda = \frac{a\,\lambda_0^2}{\lambda^2 - \lambda_0^2}$$

oder genauer mit einem zusätzlichen Potenzterm.

$$[\alpha]_\lambda = \frac{a\,\lambda_0^2}{\lambda^2 - \lambda_0^2} + \frac{b\,\lambda_0^4}{(\lambda^2 - \lambda_0^2)^2}.$$

Durch spezielle Auftragungen kann man damit aus einer gemessenen Kurve $[\alpha]_\lambda = f(\lambda)$ auf die (nicht direkt meßbare) Lage einer Absorptionsbande extrapolieren.

Anwendung der chiro-optischen Meßmethoden

Die chiro-optischen Meßmethoden zeigen an, daß sich ein Chromophor – innerhalb oder knapp außerhalb des gemessenen Wellenlängengebiets – in einer asymmetrischen Umgebung befindet. Diese Umgebung können Substituenten, Liganden oder ganze Molekülabschnitte einer asymmetrisch gefalteten Kette sein. Solche asymmetrischen Kettenfaltungen findet man besonders bei Biopolymeren häufig in Form von Schraubenstrukturen. Dabei kann entweder eine einzige Molekülkette schraubenförmig aufgewickelt sein (z. B. die α-Helix der Proteine, die Amylosehelix bei den Polysacchariden) oder mehrere Molekül-

172

stränge sind gegeneinander verdrillt (z. B. Doppelhelix bei Nukleinsäuren, Trippelhelix bei Collagen). Solche geordnete Überstrukturen (Sekundärstruktur) sind für die Funktionen und Eigenschaften der Polymere äußerst bedeutsam. Anhand chirooptischer Messungen lassen sich Aussagen über die Art dieser Strukturen sowie über ihre Temperatur- und Milieuabhängigkeit gewinnen.

8. Struktur und Eigenschaften fester Polymerer

8.1. Strukturmodelle

Polymere Festkörper sind in ihren Eigenschaften sehr unterschiedlich. Betrachtet man die mechanischen Eigenschaften, findet man spröde, plastisch verformbare und elastische Stoffe, optisch können sie dicht, transparent oder glasklar sein. Diese Eigenschaften hängen sowohl von der chemischen Natur der Moleküle als auch vorwiegend davon ab, wie die Makromoleküle im Feststoff angeordnet sind (übermolekulare Struktur). Die übermolekulare Struktur beruht auf der Entstehungsgeschichte des Stoffs sowie auf der Natur der ihn aufbauenden Moleküle. So sind die Wechselwirkungskräfte zwischen den Molekülketten eine Funktion der chemischen Beschaffenheit (z. B. der Polarität der Seitengruppen), der Kettenlänge und Kettenlängenverteilung und der Molekülstruktur (Verzweigung, Vernetzung, Verknäuelung, Taktizität etc.).

Man kann zwei (nie rein realisierte) Extremzustände des Festkörpers unterscheiden, die sich deutlich in ihren Eigenschaften unterscheiden: sie werden „amorph" und „kristallin" genannt. Nachfolgende Übersicht macht die Unterschiede zwischen beiden klar und nennt die Meßmethoden, mit deren Hilfe man solche Unterschiede feststellen kann.

amorph	kristallin	Meßmethode
intermolekulare Ordnung		Röntgen-, Elektronen-, Neutronenbeugung
→		
Molekülabstände		Dichtemessung
←		
Bindungsstärke		IR, NMR-Spektroskopie
→		
freies Volumen		mechanische Spektroskopie
←		
optische Anisotropie		Doppelbrechung
→		
Zugänglichkeit		Reaktionskinetik
←		

Die Eigenschaften nehmen in Pfeilrichtung zu.

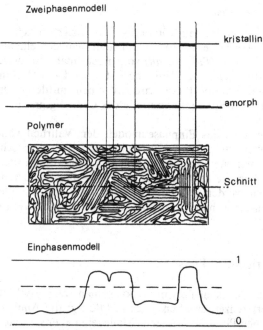

Abb. 82. Beschreibung des polymeren Festkörpers durch Ein- oder Zweiphasenmodelle. (Mitte: Struktur, oben und unten: Ordnungsgrad).

Je nachdem, wie scharf man die Grenzen zwischen den Extremzuständen zieht, spricht man von einem Zweiphasenmodell mit scharfen Phasengrenzen oder von einer einzigen, allerdings uneinheitlichen Phase. In Abb. 82 wird dargestellt, wie mit Hilfe der Modelle versucht wird, die reale Struktur des festen Polymeren zu beschreiben.

Zweiphasenmodell:

Man teilt den Körper in völlig kristalline Bezirke (Kristallite) und eine verbindende, vollständig ungeordnet gedachte Phase (amorphe Phase) auf. Für dieses Modell kann man einen *Kristallinitätsgrad* angeben, der den Massenbruch der kristallinen Phase darstellt.

Einphasenmodell:

Man beschreibt den Körper als eine einzige, in sich aber nicht einheitliche Phase. Im Extremfall stellt man sich einen stark gestörten Kristall *(Parakristall)* vor, indem man nur zwischen benachbarten Elementen Ordnung feststellen kann (Nahordnung). Die parakristalline Phase wird mit einem mittleren Ordnungsgrad und der Schwankungsbreite des Ordnungsgrades charakterisiert.

Wenn auch das Einphasenmodell der Wahrheit näher kommen dürfte, so ist das Zweiphasenmodell doch anschaulicher und leichter zu beschreiben. Daher werden im folgenden weiterhin die Begriffe kristallin und amorph benutzt, wobei aber nicht vergessen werden darf, daß es sich dabei nur um idealisierte Grenzzustände handelt, die in Wirklichkeit nicht rein vorkommen.

8.2. Kristalline Phase

An den meisten Polymeren kann man wenige scharfe Röntgeninterferenzen erhalten. Dies rechtfertigt die Annahme einer kristallinen Phase. Polymere kristallisieren aber sehr viel schwieriger als niedermolekulare Stoffe und praktisch nie vollständig. Die Kristallisationstendenz hängt von der Regelmäßigkeit des molekularen Aufbaus ab. Dies umfaßt:

1. Chemische Zusammensetzung,
2. Konfiguration (Kopf–Schwanz-Anordnungen, cis-trans-),
3. Taktizität, sterische Einheitlichkeit entlang der Kette.

Haben zwei benachbarte Grundeinheiten denselben Orientierungssinn, spricht man von einer *„meso-Anordnung"* (m), bei ungleichem Orientierungssinn von *„racemischer Anordnung"* (r).

Die Mikrotaktizität läßt sich mit Hilfe der Wahrscheinlichkeit σ von meso-Anordnungen beschreiben.

8.2.1. Charakterisierung und Bestimmung der Kristallgitterdimensionen

Das Kristallgitter wird durch die *Basiszelle* beschrieben, die der kleinste Ausschnitt aus dem Kristall ist, der sämtliche Symmetrieelemente enthält. Man gibt die Kantenlängen und Flächenwinkel der Basiszelle und ihre Symmetrieelemente, sowie die in ihr enthaltene Molekülanordnung an. Die Kanten der Basiszelle legen die Kristallachsen fest. Nach den vorhandenen Symmetrieelementen (Symmetrieebenen, Drehachsen und Drehspiegelachsen) kann man den Gittertyp in eine der 32 Kristallklassen einordnen. Bei Polymeren sind aufgrund ihrer extrem anisotropen Moleküle meistens nur Klassen niedriger Symmetrie vertreten.

Legt man durch entsprechende Gitterpunkte Ebenen, erhält man eine parallele Schar von *Gitterebenen,* die die Kristallachsen schneiden. Die Achsenabschnitte der dem Ursprung am nächsten liegenden Kristallebene dienen zur Benennung (Indizierung) der Ebene. Der *Miller*sche Index in einer Achsenrichtung gibt den Reziprokwert des Achsenabschnitts, gemessen in Einheiten der Basiszellenkante, an. In Abb. 83 wird die Lage verschieden indizierter Gitterebenen innerhalb einer Basiszelle anschaulich gezeigt.

Der Abstand paralleler Gitterebenen (Netzebenenabstand D) errechnet sich aus den Basiszellendimensionen, den *Miller*schen Indices und den Achsenwinkeln. Für orthogonale Gitter gilt

$$\frac{1}{D} = \sqrt{\frac{h^2}{a^2} + \frac{k^2}{b^2} + \frac{l^2}{c^2}}.$$

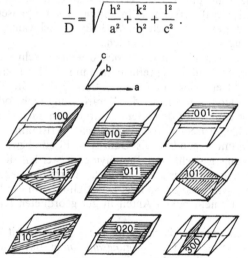

Abb. 83. Lage verschiedener Netzebenen in einem Kristallgitter, Schnitt durch die Basiszelle.

Ermittlung der Gitterdimensionen durch Röntgen-Beugung

Beim *Bragg*-Verfahren läßt man monochromatisches Röntgenlicht auf nicht orientierte Kriställchen (oder die Kristallite im Polymeren) einfallen. Wenn sich eine Kristallebene in einer geeigneten Lage in bezug auf die Einfallsrichtung befindet, wird der Röntgenstrahl an der Gitterebene „reflektiert", wobei die Bedingung erfüllt sein muß

$$\lambda \cdot n = 2 D \cdot \sin \vartheta$$

$\vartheta = \Theta/2$ Einfallswinkel, λ = Lichtwellenlänge,
n = ganzzahlige Ordnungszahl.

In allen anderen Richtungen wird das Streulicht durch Interferenz ausgelöscht. Bei einer nicht orientierten Probe erhält man eine Schar koaxialer Streukegel, die auf einem senkrecht zur Achse angebrachten Film Beugungskreise belichten, aus deren Radius man Θ und daraus D berechnen kann.

Die Schärfe der Interferenzen hängt von der Größe und der Regelmäßigkeit der Kristallite ab. Aus der Halbwertsbreite der Beugungsreflexe kann man ein Äquivalentmaß für die Kristallitgröße (Anzahl ungestörter Netzebenen der Sorte, auf die der Reflex anspricht) errechnen. Im Sinne des Einphasenmodells kann die Reflexbreite auch als Maß für die Schwankungsbreite des Ordnungsgrades benutzt werden.

Sind die Kristallite in der Probe orientiert, schrumpfen die Beugungskreise auf Sichelreflexe zusammen. Die Länge dieser Sicheln stellt ein Maß für die Orientierung dar. Die Kristallite eines Polymeren können bei der Verarbeitung mehr oder weniger gut orientiert werden. Beim Extrudieren und Verstrecken werden längsgestreckte, nicht plastische kristalline Bereiche nicht deformiert, sondern als Ganzes in Fließ- bzw. Verstreckungsrichtung gedreht. Bei Biopolymeren werden die Makromoleküle schon in einer hochgeordneten Form und gegenseitiger Anordnung synthetisiert. So liegt z. B. Cellulose in der Pflanzenzellwand zu einem hohen Anteil in gut geordneten Kristalliten vor.

Untersucht man hochorientierte Polymerfasern mit Röntgenlicht, erhält man ein *Faserbeugungsdiagramm*, das einer gemittelten Drehkristallaufnahme eines Einkristalls entspricht. Aus solchen Faserdiagrammen lassen sich in einfacher Weise die

Kristallgitterdimensionen errechnen und Aussagen über das vorliegende Kristallsystem machen.

8.2.2. Kristallitmorphologie

Für die Form der Kristallite werden zwei Extremformen diskutiert: *Fransenkristallit* und *Faltungskristallit* (Abb. 84). Beim Faltungskristalliten müssen die einzelnen Polymerketten jedenfalls gegenläufig den Kristall durchlaufen. Über die Natur der

Fransenkrisallit   Faltungskristallit

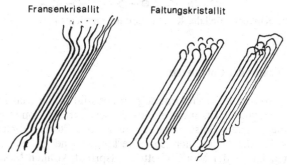

Abb. 84. Kristallitmodelle: Fransenkristallit und Faltungskristallit.

Faltungsstellen ist noch vieles unklar. Sehr enge Schleifen sind meistens aus Spannungsgründen nicht möglich. Damit die Schleifen mehr Platz haben, muß die Deckebene schräg verlaufen. Regelmäßig gefaltete Molekülketten bilden direkt Bänder, die wieder parallel zu Lamellen gepackt oder zu Fibrillen aufgewickelt sein können.

Wie das Faltungsmodell birgt auch das Fransenmodell einige Schwierigkeiten. So muß z. B. die räumliche Anordnung kristalliner und amorpher Bereiche recht regelmäßig sein, weil eine starke Aufblähung der Kettenbündel, wie sie in den Fransenzonen vorliegt, nur möglich ist, wenn diese „amorphen" Bereiche von dichteren, kristallinen Bereichen umgeben sind.

In den kristallisierten Zonen brauchen die Molekülketten auch nicht unbedingt völlig gestreckt vorzuliegen, sondern sie können auch koordiniert abbiegen. Nach den auf diese Weise entstehenden Kinken heißt dieses Modell „*Kinkenmodell*" (Abb. 85).

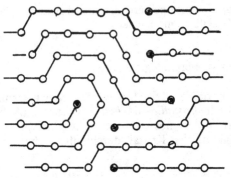

Abb. 85. Kinkenmodell der Kettenanordnung im Kristalliten.

8.2.3. Textur der Polymeren

Die Bereiche höheren Ordnungsgrades sind in der Matrix, die weniger geordnet ist, meist nicht regellos verteilt, sondern bilden eine von der Entstehungsgeschichte des Stoffes abhängige Textur. Da die kristallinen Bereiche kleiner sind, als es der gestreckten Länge der Molekülketten entspricht, können Moleküle durchaus durch mehrere Kristallite laufen. Ist die Überstruktur regelmäßig, findet man im Röntgenbeugungsdiagramm zusätzliche *Kleinwinkel*reflexe, die *Langperioden* der Polymertextur entsprechen.

Die häufigsten Überstrukturen sind in Abb. 86 schematisch dargestellt.

Lamellentextur: entsteht bei vorwiegend lateraler Kristallisation

Fibrillentextur: entsteht häufig bei Verstreckung nach oder während der Polymerisation

Sphärolithtextur: entsteht bei gleichzeitigem, gleich schnellem Kristallwachstum von einem Keim aus in alle Richtungen. Ungleichmäßig ausgebildete Strukturen heißen „*Dentrite*".

Schaschliktextur: entsteht beim Aufwachsen von Lamellen auf Fibrillen, es handelt sich dabei um Fibrillen mit scheibenartigen Verdickungen.

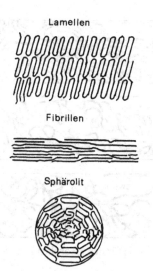

Lamellen

Fibrillen

Sphärolit

Abb. 86. Häufig auftretende Polymertexturen; oben: Lamellentextur, Mitte: Fibrillentextur, unten: Sphärolit-Textur.

8.3. Struktur des „amorphen" Zustands

Völlige Unordnung im Polymeren gibt es nicht. Es besteht zumindest eine gewisse Nahordnung zwischen den Molekülen (siehe Abb. 87).

Spaghetti-Modell: enthält teilweise Bereiche mit parallelen Kettenbündeln.

Zellen-Modell: Die Moleküle kollabieren zu einzelnen Knäueln, die sich nur am Rand berühren.

Netzwerk-Modell: Das Netzwerk-Modell nimmt an, daß sich die Molekülknäuel im amorphen Zustand vollständig durchdringen. Messungen von deuterierten Molekülen in Acrylgläsern mit Hilfe der Neutronenstreuung haben ergeben, daß sich die Knäuel tatsächlich durchdringen und eine dem Θ-Zustand entsprechende Persistenzlänge haben (*Kirste*). Die untersuchten Proben waren jedoch speziell präpariert, um völlig im thermodynamischen

181

Abb. 87. Molekülmodelle für den amorphen Zustand.

Gleichgewicht zu sein. Bei praktischen Polymeren ist diese Bedingung kaum je erfüllt,
so daß durchaus auch andere Strukturen
auftreten können.

8.3.1. Glaszustand

Im Glaszustand sind die Polymeren amorph, durchsichtig und
spröde. Ihre Struktur entspricht der einer extrem unterkühlten
Schmelze. Kurze Molekülabschnitte kommen einander so nahe,
daß sie starke Wechselwirkungskräfte aufeinander ausüben können und bei Einwirkung einer äußeren Spannung nicht aneinander abgleiten. Die Spannung wird auch nicht wie im Kristall
durch viele Nebenvalenzkräfte auf größere Molekülbereiche
verteilt, so daß es leicht zum Kettenbruch kommen kann. Dadurch verstärkt sich die Spannung an einer nahen anderen Kon-
taktstelle und es kann kettenreaktionsartig Bruch eintreten. Der
Glaszustand kommt nur bei relativ niedrigen Temperaturen vor
(unterhalb eines für das Polymere charakteristischen Glas-
punkts). Bei höheren Temperaturen werden die Kettenbin-
dungskontakte durch Segmentbewegung immer wieder selbst-
tätig gelöst.

8.3.2. Plastischer Zustand

Im Glasübergangsgebiet nimmt bei Temperaturerhöhung die thermische Segmentbeweglichkeit stark zu, die Festigkeit sinkt, und die Molekülketten können bei genügend großer Spannung aneinander abgleiten: das Polymere beginnt zu fließen. Wirkt die Spannung nur ganz kurz (kürzer als es der Eigenzeit der Segmentbewegungen entspricht), können die Moleküle insgesamt ihren Platz nicht verändern, und das Polymere verhält sich gegenüber einer schnellen Beanspruchung elastisch (plastischer Gummi). Dagegen genügen im allgemeinen sehr kleine, lang andauernde Spannungen, um das Polymere bleibend zu deformieren ("Kriechen"). Durch Verzweigungen wird die Kriechtendenz verringert, wirklich vollständig vermeiden kann man sie nur dadurch, daß man den gesamten Stoff durchvernetzt.

8.3.3. Gummi-elastischer Zustand

Durch weitmaschige Vernetzung wird erreicht, daß die Moleküle beweglich bleiben und bei Anlegen einer Spannung deformiert werden, aber nicht vollständig aneinander abgleiten können. Bei Deformation bleiben die Netzmaschen erhalten, werden aber stark gestreckt (siehe Abb. 88). Bei Wegnahme der Spannung bewirkt die thermische Verknäuelungstendenz der Maschensegmente, daß die Verknüpfungspunkte ihren thermodynamisch günstigsten Abstand wieder einnehmen und das Netzwerk wieder seine ursprüngliche Form erhält. Die Maschensegmente können genauso behandelt werden wie einzelne

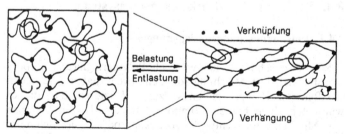

Abb. 88. Deformation eines weitmaschig vernetzten Elasten (gummiartiges Polymeres).

Molekülknäuel, die einer Deformation einen elastischen Widerstand entgegensetzen (Entropie-Elastizität).

8.3.4. Dichtvernetzter Zustand

Durch nachträgliche, dichte Vernetzung kann die Kettenbeweglichkeit praktisch vollständig unterbunden werden. Man erhält einen festen, unschmelzbaren, unlöslichen *Thermodur*. Kristalline Bereiche in einer amorphen Matrix können genauso vernetzend wirken wie kovalent gebundene Netzbrücken. Die harten Biopolymeren sind durchwegs über kristalline Zonen, die durch Wasserstoffbrückenbindungen stabilisiert sind, verbunden.

Somit können amorphe Polymere je nach Vernetzungsgrad sehr unterschiedliche Eigenschaften an den Tag legen. Tab. 18 gibt einen Überblick über die auftretenden Eigenschaftskombinationen.

Tabelle 18. Eigenschaften der amorphen Polymeren oberhalb des Glasumwandlungs-Bereichs

unvernetzt	plastisch	löslich	quillt	schmelzbar
weitmaschig vernetzt	gummi-elastisch	unlöslich	quillt	erweicht
dicht vernetzt	hart	unlöslich	quillt nicht	temperatur- beständig

8.4. Struktur fester Mehrkomponentensysteme

8.4.1. Polymermischungen (-legierungen)

Polymermischungen heißen auch Polymerlegierungen (polymer blends). Die Mischung soll den Zweck haben, die Eigenschaften der Reinpolymeren so zu modifizieren, daß die erwünschten Züge beider Komponenten zum Tragen kommen. Das Mischen erfolgt entweder in Lösung oder in der Schmelze. Wenn sich beim Abkühlen aus der Schmelze bzw. Ausfällen aus der Lösung oder Verdampfen des Lösungsmittels die Kompo-

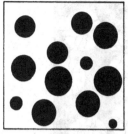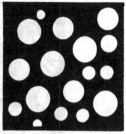

Abb. 89. Zweikomponenten-Polymermischung mit disperser Phase; links: hart-in-weich-Struktur, rechts: weich-in-hart-Struktur.

nenten nicht entmischen, ändern sich die Eigenschaften nicht wesentlich. Die Polymerkomponenten wirken aufeinander nur als Weichmacher (Verringerung des Gleitfaktors).

In der Praxis stellt man Mischungen meist her, um aus einem spröden ein schlagfestes Polymer zu machen. Beim Verfestigen von einem Gemisch aus harten und elastischen Komponenten kommt es aufgrund der verschieden starken Zwischenkettenkräfte zur Phasentrennung. Es bildet sich eine *Hart-* und eine *Weichphase.* Dabei bildet meistens die in geringerer Menge vertretene Komponente Einschlüsse (disperse Phase) in der anderen Komponente, die durchwegs zusammenhängt (kontinuierliche Phase). Je nachdem, ob die disperse Phase härter oder weicher ist, spricht man von einer „Hart-in-weich-" oder „Weichin-hart"-Struktur (siehe Abb. 89).

Eine Hart-in-weich-Struktur wirkt nur wie ein Plast oder Kautschuk mit aktivem Füllstoff. In einer Weich-in-hart-Struktur können aber Spannungen besser verteilt und absorbiert werden als in einer kontinuierlichen Glasphase. Dazu muß die Weichphase gut in der Hartphase eingebunden sein und ihre Molekülketten müssen eine gewisse Vorspannung haben. Letzteres kann man leicht erzielen, weil sich der elastische Körper wegen der größeren Kettenbeweglichkeit beim Abkühlen stärker kontrahiert. Dadurch erhält der Stoff eine von innen verspannte Porenstruktur, die hervorragende mechanische Eigenschaften haben kann (Seilspeichen-Modell, Abb. 90).

Bei Herstellung aus Lösung kann man die Phasenverteilung durch Wahl des Lösungsmittels beeinflussen. Die Komponente mit der stärkeren Wechselwirkung mit dem Lösungsmittel bildet

Abb. 90. Seilspeichenmodell einer Weich-in-hart-Struktur.

die kontinuierliche Phase. Die schlechter gelöste Phase scheidet sich zuerst in Form von Tröpfchen ab (Öl-in-Öl-Emulsion).

Das Hauptproblem besteht in einer guten Bindung zwischen den beiden Phasen. Diese kann am besten mit Pfropf- oder Blockcopolymeren, die dieselben Komponenten enthalten wie die Homopolymerphasen, erreicht werden. Die Copolymeren sammeln sich wie ein Tensid an der Phasengrenzfläche an.

8.4.2. Textur fester Copolymerer

In Homopolymeren befinden sich die Molekülketten, wenn sie im thermodynamischen Gleichgewicht sind, in einer dem Θ-Zustand entsprechenden Form. Die einzelnen Kettensegmente sind hier von lauter chemisch gleichartigen Segmenten umgeben. Bei Block-Copolymeren AB treten dagegen drei verschiedene Wechselwirkungskräfte W_{AA}, W_{BB} und W_{AB} auf. Durchdringen sich die Komponenten A und B, wird ihre Knäuelformation – aufgeweitet oder kontrahiert – und ist damit mehr oder weniger verschieden von der Θ-Konformation. Dabei wird zusätzlich Energie verbraucht. Daher tendieren chemisch verschiedenartige Polymere zur Phasentrennung. In einem Blockcopolymeren verknäueln sich die Blöcke, soweit es geht, jeder für sich. Sie bilden im Festen daher verschiedene Phasen aus, die aber kovalent verbunden sind. Die gleichartigen Blöcke aggregieren.

Je nach der Volumenbeanspruchung der beiden Blöcke entstehen dabei verschiedene Texturen. Ist der Volumenbedarf der Blöcke gleich groß, entstehen Lamellen, die Phasengrenz-flächen sind eben. Je unterschiedlicher der Volumenbedarf der beiden Blöcke ist, desto stärker muß sich die Phasengrenz-fläche krümmen. Es entstehen zuerst zylinderförmige, dann kugelförmige Strukturen mit einem um so kleineren Krümmungs-radius, je stärker der Volumenbedarf der Blöcke divergiert. Damit kann man die Textur des Polymeren weitgehend steuern. Die Textur und die von der chemischen Natur der Komponenten abhängigen Eigenschaften zusammen bestimmen das Verhalten des polymeren Werkstoffs. Copolymere sind in ihren Eigenschaften besonders variabel und steuerbar, wobei die Vielfalt noch stark mit der Zahl der eingesetzten Komponenten steigt. Dadurch gewinnen sie als Werkstoffe immer mehr an Bedeutung. Sie weisen aber auch den Weg zu Polymeren-Wirkstof-fen, die besondere Aufgaben erfüllen können (z. B. aktive Membranen und Trägermaterialien).

8.5. Bestimmung der Kristallinität

Geht man vom Zweiphasenmodell aus, kann man für das Polymere einen *Kristallinitätsgrad K.G.* definieren, der den Massenbruch der (rein) kristallinen Phase im Polymeren angibt

$$K.G. = \frac{m_c}{m_a + m_c} = w_c$$

m_c = Masse der „kristallinen" Phase, m_a = Masse der „amor-phen" Phase.

Für das Einphasenmodell ist der „K.G." ein quantitatives Maß dafür, wie gut die kristalline Struktur ausgebildet ist.

Besäße der Stoff wirklich eine reine Zweiphasenstruktur, wären alle additiven Eigenschaften, in denen sich die kristalline und die amorphe Phase unterscheiden, geeignet, den K.G. gleich gut durch jede auf das entsprechende Merkmal ansprechende Methode zu bestimmen (siehe 8.3.4.). Im Realfall erfaßt jede Methode den parakristallinen Zwischenzustand in unterschiedlichem Maß. Man kann daher jeweils nur einen auf die Methode bezogenen *Kristallinitätsindex, K.I.,* bestimmen. Nimmt man für die Meßgröße E Additivität an

$$E = w'_a \cdot E_a + w'_c E_c$$

erhält man für den (scheinbaren) kristallinen Anteil w'_c

$$w'_c = \frac{E - E_a}{E_c - E_a} = K.I.$$

w' = methodenbezogener (scheinbarer) Massenbruch, E = Meßgröße, E_a = für rein amorphe Substanz, E_c = für rein kristalline Substanz.

Die Größen E_a und E_c müssen bekannt sein (zumindest E_a/E_c) oder bei Relativmethoden durch Eichung mit Proben bekannter Kristallinität bestimmt werden.

8.5.1. Dichtemessung (Densitometrie)

Das spezifische Volumen kann als additiv betrachtet werden. V_c der ungestört kristallinen Phase kann man aus den Gitterdimensionen berechnen, indem man das Volumen einer Basiszelle durch die darin enthaltene Molekülmasse dividiert. V_a kann man nur abschätzen, indem man den Temperaturverlauf von V_a in der Schmelze mißt und auf den bei der gewünschten Temperatur T_m (unterhalb des Schmelzbereichs) extrapoliert. In Abb. 91 wird gezeigt, wie man das gesuchte spezifische Volumen V_a bei der Meßtemperatur T_m indirekt ermittelt.

Der Dichte-Kristallinitätsindex errechnet sich dann zu

$$K.I._d = \frac{V_a - V}{V_a - V_c}.$$

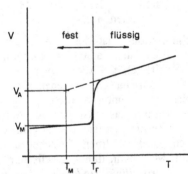

Abb. 91. Ermittlung des spezifischen Volumens der rein amorphen Phase (V_a) aus der Extrapolation der Schmelzdichte. T_m = Meßtemperatur, T = Temperatur, V = spezifisches Volumen.

8.5.2. Röntgenbeugung

Neben der gebündelten Röntgenbeugung im Weitwinkelbereich (scharfe Reflexe) gibt es auch eine diffus gestreute Komponente. Diese wird häufig auf die amorphe Phase zurückgeführt. Neben der echten Streuung der amorphen Bereiche gibt es im Röntgenbeugungsdiagramm (Auftragung der Streuintensität gegen Streuwinkel) auch einen nicht auflösbaren Streuungsuntergrund, der durch Überlagerung benachbarter, stark verbreiterter Reflexe zustande kommt. Da die Reflexe um so mehr verbreitert erscheinen, je kleiner und je gestörter die kristallinen Bereiche sind, gibt die relative Gesamtintensität des Streuungsuntergrundes auch ein Maß für die Störung der Ordnung in der Probe. Dies ist in Abb. 92 schematisch dargestellt. Dort ist auch gezeigt, wie der fiktive amorphe Streuungsuntergrund durch Verbindung der Intensitätsminima abgegrenzt wird.

Setzt man voraus, daß die spezifische Streuung für kristallines und amorphes Material gleich ($A_c/m_c = A_a/m_a$) ist und nimmt man wieder Additivität der Streuintensität an, erhält man für den Röntgen-Kristallinitäts-Index ($K.I._R$)

$$A_c = w'_c A = w'_c (A_a + A_c)$$
$$W'_c = A_c/(A_a + A_c) = K.R._R$$

Darin bedeutet A_c die Gesamtfläche der kristallinen Reflexe nach Abtrennung des Untergrunds und A_a die Fläche des „amorphen Streuungsuntergrunds".

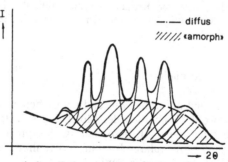

Abb. 92. Schematische Zerlegung eines Röntgenweitwinkeldiffraktogramms in einen kristallinen Anteil (scharfe Reflexe) und einen sog. amorphen Streuungsuntergrund, der großteils durch Überlagerung der verbreiterten Reflexe entsteht.

189

8.5.3. Magnetische Breitlinien-Kernresonanz (NMR)

Die Protonenkernresonanz spricht stark auf die Gruppenbeweglichkeit an. Die Gruppen, die die zu untersuchenden Protonen tragen, sind in amorphen Bereichen weitgehend frei beweglich und können sich ungehindert im Magnetfeld orientieren und liefern daher scharfe Resonanzsignale. Sind die Gruppen dagegen in ein Kristallgitter eingebaut, verschmiert sich die Resonanzenergie und man erhält ein sehr breites Resonanzsignal. Die Auswertung erfolgt ganz analog wie bei der Röntgenmethode (Flächen siehe Abb. 93).

$$K.I._{NMR} = A_c/(A_a + A_c).$$

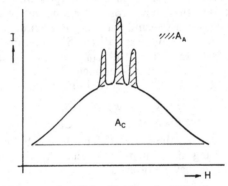

Abb. 93. Bestimmung der Kristallinität mit Hilfe der magnetischen Kernresonanz. Gesamtfläche der scharfen Signale A, Fläche des breiten Untergrunds A_c.

8.5.4. IR-Spektroskopie

Kristalliner und amorpher Zustand unterscheiden sich im IR-Spektrum sowohl hinsichtlich der Molekül- als auch der Gruppenschwingungen. Dies gilt besonders für Gruppen, die an der Ausbildung intermolekularer Bindungen beteiligt sind. Der Effekt wird bei H-Brücken sehr deutlich.

Die IR-Methode muß empirisch geeicht werden, indem die Bandenintensitäten von verschiedenen Proben mit bekanntem Kristallinitätsgrad bestimmt werden.

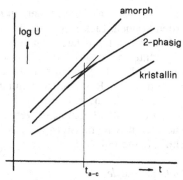

Abb. 94. Bestimmung des amorphen Anteils aus der Kinetik einer Reaktion am festen Polymeren. U = Umsatz.

8.5.5. Reaktionskinetik

Bei einer heterogenen Reaktion am festen Polymeren reagieren die besser zugänglichen, amorphen Bereiche im allgemeinen schneller als die intermolekular stärker stabilisierten kristallinen Zonen. Bestimmt man die Umsatz-Zeit-Funktion, erhält man eine Kurve, die an der Stelle einen Knick zeigt, wo das gesamte amorphe Material reagiert hat. Am häufigsten werden Abbau-, polymerhomologe und Austauschreaktionen herangezogen. Führt man den Abbau nur bis zum Übergangspunkt durch, erhält man einen hochkristallinen Rückstand, der überdies, wenn die vorliegenden Kristallite weitgehend gleich groß sind, auch einen relativ einheitlichen Polymerisationsgrad aufweist („levelling off-DP") (Abb. 94).

Bestimmt man den Umsatz gravimetrisch, erhält man direkt Gewichtsanteile und den K.I. Ansonsten kann man die Reaktion durch Messung der optischen Eigenschaften (IR-, UV-Absorption) oder der Reaktionswärmen (spez. Solvatationswärme bei Quellungskinetik) verfolgen.

8.6. Untersuchung der Polymertextur

8.6.1. Elektronenmikroskopie

Die übermolekularen Strukturen der Polymertextur erstrecken sich in Größenordnungen, die z. T. mit gut auflösenden Lichtmikroskopen, jedenfalls aber mit Elektronenmikroskopen sichtbar gemacht werden können. Elektronen können nur sehr dünne Schichten fester Materie durchdringen. Daher können elektronenmikroskopische Untersuchungen nur im Rückstrahlverfahren (Rasterelektronenmikroskopie) oder an ultradünnen Schichtpräparaten gemacht werden. Für Rasteruntersuchungen muß die zu untersuchende Probenoberfläche mit einem feinen Metallfilm bedampft und dadurch leitend gemacht werden. Für Durchstrahlungsuntersuchungen wird meistens ein Abdruck (Replika) oder ein Dünnschnitt hergestellt.

Abdruck- oder Replikamethode:

Die zu untersuchende Oberfläche wird zuerst angeätzt (mit Lösungsmitteln, abbauenden Reagenzien oder durch Ionenbeschuß), so daß die darunterliegende Struktur plastisch zutage tritt. Auf die Probe wird dann ein dünner Edelmetallfilm aufgedampft und direkt im Rasterelektronenmikroskop betrachtet. Um die Struktur im Durchstrahlungsmikroskop sichtbar zu machen, wird das Relief durch seitliche Schrägbedampfung deutlicher gemacht, die Bedampfungsschicht durch Ablösen der Probe freigelegt und im Durchstrahlungs-Elektronenmikroskop untersucht.

Ultra-Dünnschnitt-Methode:

Man läßt in die Probe Schwermetalle eindiffundieren, die in den Bereichen hoher Zugänglichkeit eine sehr hohe Elektronenabsorption verursachen (Kontrastierung). Anschließend wird ein in der Größenordnung von μm dünner Schnitt angefertigt und mikroskopiert.

8.6.2. Bestimmung der Orientierung durch Röntgenstreuung

Röntgenkleinwinkelstreuung

Da sich kristalline und amorphe Phase in ihrer Elektronendichte unterscheiden, streuen die Kristallite als Gesamtes in der amorphen Matrix. Sie liefern eine ihrer Form entsprechende Röntgenkleinwinkel-Streufunktion. Diese läßt sich in bezug auf Größe und Gestalttyp auswerten (siehe 8.2.). In der kondensierten Phase treten allerdings auch immer in erheblichem Maße in-

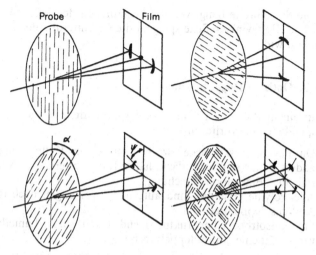

Abb. 95. Einfluß der Orientierung einer Probe auf die Lage der Röntgenreflexe im Kleinwinkel- und Weitwinkelbereich.

terpartikuläre Interferenzen auf, die man nur schwer berücksichtigen kann.

Treten regelmäßige Perioden in der Überstruktur auf, findet man diskrete RKW-Reflexe, aus der man die Periodizität berechnen kann (Langperioden). Hierzu behandelt man die Überstruktur wie ein *Bragg*sches Gitter. Aus der Sichelbreite der Röntgenreflexe der Langperioden erhält man ein Maß für die Orientierung der Überstruktur (siehe Abb. 95).

Röntgenweitwinkelstreuung

Aus der Lage der Weitwinkelreflexe erhält man die Dimensionen der Basiszelle sowie die Orientierung der Kristallebene in bezug auf eine vorgegebene Richtung. Bei Polymerfasern definiert man einen Orientierungswinkel α als Abweichung von der Faserachse und einen Orientierungsfaktor f_α.

$$f_\alpha = \frac{3 \langle \cos^2 \alpha - 1 \rangle}{2}$$

$$\langle \cos^2 \alpha \rangle = \cos^2 \Theta \cdot \langle \sin^2 \psi \rangle.$$

(siehe Abb. 95).

Die Sichelbreite hängt von der Genauigkeit der Orientierung ab. Die Kleinwinkelreflexe spiegeln die Orientierung der Überstruktur wider.

8.6.3. Optische Doppelbrechung

In einem Polymeren können drei verschiedene Ursachen für Doppelbrechung vorliegen:

1. Da der mikroskopische Brechungsindex in Kettenrichtung anders ist als senkrecht dazu, hat teilweise orientiertes Material eine „Eigendoppelbrechung".
2. Alle Polymerkristallite sind aufgrund ihres ungleichachsigen Aufbaus doppelbrechend.
3. Eine anisotrope Überstruktur (Dendrite, Fibrillen, Lamellen) verursacht eine „Formdoppelbrechung".

Vernachlässigt man in einem partiell kristallinen Material die Eigendoppelbrechung, kann man aus der gemessenen Doppelbrechung

$$\Delta n = n_{\alpha=0} - n_{\alpha=\Pi/2}$$

den Orientierungsfaktor f_α ermitteln:

$$f_\alpha = \frac{\Delta n}{\Delta n_c} \cdot \frac{d_c}{d}$$

c = rein kristalline Phase, d = Dichte.

Im Polarisationmikroskop kann man die Doppelbrechung der Überstruktur direkt feststellen. Ob eine Struktur positiv oder negativ doppelbrechend ist, ermittelt man durch Analyse der spektralen Dispersion der Depolarisationsmuster (Malteserkreuz) mit Hilfe von $\lambda/4$-Plättchen, die die Schwingungsphase des Lichts definiert verzögern.

8.6.4. Kleinwinkel-Lichtstreuung

Phasenbereiche, die wesentlich größer sind als die Lichtwellenlänge, liefern mit sichtbarem Licht eine nicht monotone Streufunktion (Partikel- oder *Mie*-Reflexe). Die meist als einzige beobachtbare erste Reflexordnung tritt bei um so kleineren

194

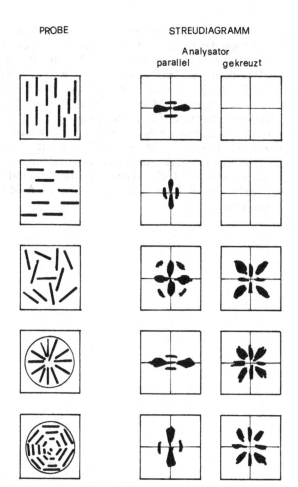

Abb. 96. Kleinwinkellichtstreudiagramme für verschieden optisch orientierte Proben (vertikal polarisiertes Primärlicht).

Streuwinkeln auf, je größer die betrachtete Struktur ist. Im sichtbaren Wellenlängenbereich hat man im Gegensatz zur Röntgenstrahlung die Möglichkeit, mit polarisiertem Licht arbeiten zu können. Dadurch kann man im Prinzip die Teilchendimensionen in Richtung der optischen Achsen gesondert bestimmen und erhält eine Information über die Teilchengröße und über die Lage der optischen Achsen, aus der sich die Richtung der Molekülketten im streuenden Bereich ermitteln läßt.

Die Meßanordnung ist analog wie bei der Röntgenstreuung (siehe Abb. 95). Zusätzlich wird vor und nach der Probe ein Polarisationsfilter eingesetzt. Man mißt die Intensitätsverteilung mit paralleler und gekreuzter Filteranordnung.

Abb. 96 zeigt die Beugungsbilder, die man an verschieden optisch orientierten Proben erhält. Befinden sich die optischen Achsen parallel oder senkrecht zur Polarisationsrichtung des einfallenden Lichts, wird das Licht nicht depolarisiert, so daß kein Licht den senkrecht zur Primärrichtung stehenden Analysator durchdringen kann.

9. Phasenübergänge in festen Polymeren

9.1. Schmelzen und Kristallisieren

Beim Schmelzen werden die stärkeren, geordneten Nebenvalenzkräfte gelöst und dafür Entropie gewonnen. Im Schmelzgleichgewicht muß die Freie Schmelzenthalpie 0 sein. Die Schmelztemperatur hängt von der Schmelzenthalpie und der -entropie ab. Damit ist der Schmelzpunkt eine Funktion des Ordnungszustandes, der Stärke und Dichte an intermolekularen Bindungen im Festzustand und vom Polymerisationsgrad, sowie von der molekularen und strukturellen Einheitlichkeit des Polymeren abhängig. Da die Kettenenden sehr wenig zur intermolekularen Bindung beisteuern, schmelzen die niedemolekularen Anteile bei niedrigeren Temperaturen. Der Schmelzpunkt steigt mit steigendem Molekulargewicht an und nähert sich asympto-

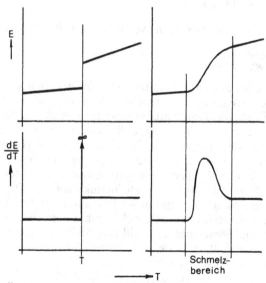

Abb. 97. Änderung einer spezifischen Eigenschaft beim Schmelzen; links: bei niedermolekularen Reinstoffen, rechts: bei (uneinheitlichen) Polymeren.

tisch einem Grenzwert, der unendlich großen Molekülen entsprechen würde. Strukturelle Unregelmäßigkeiten (z. B. ataktische Sequenzen) oder chemische Uneinheitlichkeiten (Fremdgruppen) begünstigen ebenfalls den Schmelzvorgang.

Reale Polymere haben daher keinen scharfen Schmelzpunkt, sondern einen *Erweichungs- oder Schmelzbereich*.

Aufgrund der hohen Viskosität von Polymerschmelzen können sich auch in diesem Zustand die Moleküle nicht völlig frei bewegen und brauchen nach dem Schmelzen lange Zeit, um ihre maximale Unordnung zu erreichen. Im frisch geschmolzenem Zustand findet man daher noch häufig Strukturreste des Festkörpers.

Bei niedermolekularen Substanzen ändern sich die spezifischen Eigenschaften sprunghaft am Schmelzpunkt. Bei Polymeren ist der Übergang verschmiert, ihre Temperaturabhängigkeit (Differentialquotient dE/dT) erreicht aber auch hier ein Maximum (siehe Abb. 97).

9.1.1. Kristallisationskinetik

Der Kristallisationsvorgang verläuft in zwei Phasen:

1. Keimbildung,
2. Keimwachstum.

Die Keime müssen eine kritische Größe erreichen, um weiterlaufende Kristallisation zu bewirken. Kleine Keime sind besonders bei höheren Temperaturen unwirksam, weil sie sich wegen ihrer höheren spezifischen Oberflächenenergie zu schnell auflösen. Die Keimbildung kann *heterogen* oder *homogen* erfolgen. Heterogen ist z. B. die primäre Anlagerung von Ketten an Gefäßwänden oder Verunreinigungen; homogen die Bildung von dichten Micellen infolge der Dichtefluktuationen. Das Keimwachstum bedingt die eigentliche Kristallisation. Der Gesamtablauf der Kristallisation läßt sich durch die *Avrami*-Gleichung beschreiben. Diese gibt die zeitliche Änderung einer spezifischen Eigenschaft (z. B. des spezifischen Volumens) der Probe an, wenn diese auskristallisiert.

$$E_t = E_\infty + (E_0 - E_\infty) \cdot e^{-K \cdot t^n}$$

E = spezifische Eigenschaft, t = Reaktionszeit, o = vor der Kristallisation (in der Schmelze oder Lösung), ∞ = nach Beendi-

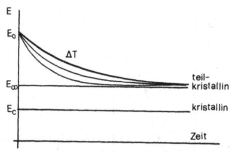

Abb. 98. Änderung einer Meßgröße E beim Kristallisieren in einem Polymeren.

gung der Kristallisation (im festen Polymeren), n = von der Art der Keimbildung abhängiger Exponent (heterogen: n = 3, homogen: n = 4).

Die Gleichung beschreibt einen zeitlichen Verlauf einer Messung, wie sie in Abb. 98 beschrieben wird. Die Anfangssteigung der Kurve $\frac{dE}{dt} = v$ gibt die Anfangskristallisationsgeschwindigkeit an. Diese ist stark von der Temperatur abhängig. Die Kristallisationstendenz steigt mit steigender Unterkühlung. Bei niedrigeren Temperaturen steigt aber auch die Viskosität, so daß das Herandiffundieren der Molekülketten zunehmend behindert wird. Daher durchläuft die Kristallisationsgeschwindigkeit ein Maximum bei einer unterhalb des thermodynamischen Schmelzpunkts liegenden Temperatur. Beim „Glaspunkt" friert die Kettenbeweglichkeit ein, und die Kristallisation kommt völlig zum Erliegen.

Das Kristallisationverhalten legt eine für das Polymere charakteristische Temperaturskala fest. Man kann als Bezugspunkte dieser Temperaturskala den Schmelzpunkt und den Glasumwandlungspunkt T_g (besser noch eine „charakteristische Temperatur $T_{ch} \approx T_g - 50$ K) nehmen. Trägt man die relative Kristallisationsgeschwindigkeit v/v_{max} gegen diese substanzspezifische Temperaturskala auf, erhält man für alle Polymere dieselbe Kurve, wie sie in Abb. 94 schematisch dargestellt wird. Verschiedene Stoffe, deren Verhalten sich in einer solchen oder analogen Form in einer einheitlichen Funktion darstellen läßt, befinden sich in „übereinstimmenden Zuständen".

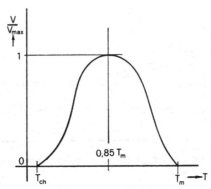

Abb. 99. Abhängigkeit der normierten Kristallisationsgeschwindigkeit von der normierten Temperatur. T_m = Schmelztemperatur, T_{ch} = „charakteristische" Temperatur.

9.2. Glasübergang und andere Phasenumwandlungen zweiter Ordnung

Während sich kristalline und amorphe Phase erheblich in der Anordnung ihrer Molekülketten und in den geordneten intermolekularen Bindungen unterscheiden, besteht in der Kettenformation von Glas- und plastischem Zustand kaum ein Unterschied. Diese unterscheiden sich vor allem stark in der Kettenbeweglichkeit. Das hat einen unterschiedlichen Temperaturkoeffizienten der extensiven Eigenschaften zur Folge. Es ändert sich die spezifische Wärme, der Ausdehnungskoeffizient etc. (siehe Abb. 100). Einen solchen Übergang nennt man *Umwandlungspunkt zweiter Ordnung*. Auch hier handelt es sich nicht um einen scharfen Umwandlungspunkt, sondern eher um einen Umwandlungsbereich. Beim Erwärmen beginnt das Polymere schon etwas früher plastisch zu werden (Erweichungspunkt), beim Abkühlen eines Plasten findet man schon vor dem Glaspunkt einsetzende Erstarrung (Einfrierpunkt).

Mit dynamischen Methoden, die direkt auf die Segmentbeweglichkeit ansprechen (mechanische Transversalschwingungen oder Schalleinwirkung), kann man auch innerhalb des Glasbereichs noch Temperaturzonen bevorzugter Segmentbeweglichkeit feststellen (sekundäre Dispersionsgebiete, in denen es zu einer nichtelastischen Wechselwirkung kommt).

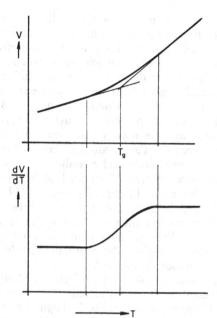

Abb. 100. Änderung des spezifischen Volumens V und des thermischen Ausdehnungskoeffizienten $\dfrac{dV}{dT}$ beim Glasübergang. T_G = Glastemperatur.

9.3. Thermoanalyse

(Thermogravimetrie, Differentialthermoanalyse und Differential-Scanning-Kalorimetrie)

Phasenübergänge lassen sich allgemein feststellen, indem man die Temperaturabhängigkeit irgendeiner Eigenschaft mißt. Eine besondere Rolle spielen dabei kalorische Methoden, die direkt Umwandlungswärmen erfassen können und die Thermogravimetrie, mit der man den Verlauf einer temperaturabhängigen chemischen Reaktion gravimetrisch verfolgen kann.

Differential-Scanning-Kalorimetrie (DSC)

Mißt man das Wärmeaufnahmevermögen (Wärmekapazität bzw. die spezifische Wärme) einer Probe als Funktion der Tem-

201

peratur, erhält man eine Information über alle Phasenübergänge und chemischen Reaktionen in diesem Temperaturbereich.

Man erhitzt dazu mit vorgegebener Geschwindigkeit eine Probe zusammen mit einer Vergleichsprobe, und zwar so, daß die beiden Proben immer dieselbe Temperatur haben. Läuft in der Polymerprobe bei einer bestimmten Temperatur eine endotherme Reaktion ab (z. B. ein Schmelzvorgang), muß man eine der Reaktionswärme entsprechende, zusätzliche Heizenergie aufwenden. Trägt man die jeweils aufzuwendende Heizenergie (meist negativ) gegen die Temperatur auf, erhält man ein Thermogramm, in dem exotherme und endotherme Umwandlungen durch Maxima bzw. Minima, Umwandlungsbereiche zweiter Ordnung durch Stufen in Erscheinung treten (Abb. 101). Die Vergleichsprobe soll im betrachteten Temperaturbereich weder einem Phasenübergang unterliegen, noch soll sie eine chemische Reaktion eingehen. Wenn sie eine andere Wärmekapazität hat als die Polymerprobe, verläuft die Neutrallinie nicht abszissenparallel, sondern an- oder absteigend.

Bei der *Differentialthermoanalyse* (DTA) wird ähnlich verfahren: Man vergleicht die Temperatur einer Probe mit einer Vergleichsprobe, die unter völlig gleichen Bedingungen erhitzt wird. Eine Temperaturdifferenz beruht auf verschiedenen spezifischen Wärmen und Wärmeabsorption bei Phasenübergängen erster Ordnung.

Durch *Thermogravimetrie* (TG), die auch in Form einer Vergleichsmessung ausgeführt werden kann (Differentialthermogravimetrie, DTG), verfolgt man Massenänderungen beim Erhitzen

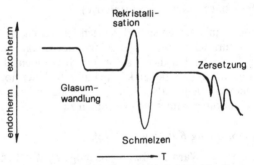

Abb. 101. Differential-Thermogramm schematisch. T = Temperatur.

in einer vorgegebenen Atmosphäre. Bei Zersetzung werden meist gasförmige Produkte abgegeben, und die Probenmasse nimmt ab. Die Zersetzungsprodukte werden häufig mit Hilfe eines nachgeschalteten Gaschromatographen analysiert. Dies erlaubt genauere Aussagen über thermische Zersetzungsvorgänge (Pyrolyse) des Polymeren.

10. Mechanische Eigenschaften von festen Polymeren und Schmelzen

10.1. Spannungs-Deformationsverhalten von Festkörpern

Übt man auf einen Festkörper eine Spannung aus, ändert er in mehr oder weniger starkem Maß seine Form. Wirkt eine Schubspannung auf den Körper ein, wird dieser geschert (Abb. 102), durch eine Zugspannung verstreckt (Abb. 103) und durch eine Druckspannung komprimiert. Die Deformierbarkeit hängt vorwiegend von seiner inneren Struktur und den wirksamen intermolekularen Bindungen, aber auch von der Deformationsgeschwindigkeit und der Temperatur ab. Der Zusammenhang zwischen Spannung und Deformation wird allgemein in Abb. 104 dargestellt.

Rein phänomenologisch kann man hartes, weiches, plastisches, sprödes und zähes Verhalten anhand der Spannungs-Deformations-Kurven (Abb. 105) unterscheiden.

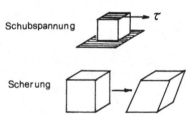

Abb. 102. Schubspannung und dadurch hervorgerufene Deformation.

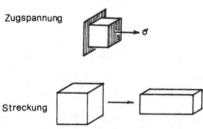

Abb. 103. Zugspannung und dadurch hervorgerufene Deformation.

204

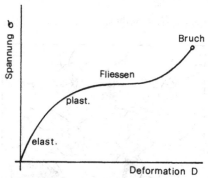

Abb. 104. Spannungsdeformationsverhalten von Festkörpern, schematisch.

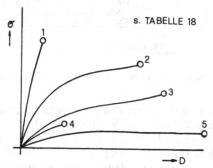

Abb. 105. Verschiedene Arten von Spannungs-Deformationsverhalten.

Die mechanischen Eigenschaften lassen sich erklären, wenn man ein differenziertes Netzwerkmodell zugrunde legt (siehe Abb. 106). Dabei denkt man sich das Polymere aus einem durchgehenden Netzwerk teilweise verknäuelter Molekülketten aufgebaut, die mehr oder weniger stark miteinander verbunden sind. Es lassen sich drei Bereiche unterscheiden:

1. kristalline Bereiche (Bindungsbereiche),
2. Verhängungsbereiche, in denen mehrere Ketten einen lockeren, nur durch schwache Kräfte stabilisierten Knäuel bilden. Legt man oberhalb des Glaspunktes eine Spannung an das Polymere an, lösen sich die Knäuel langsam wieder auf, indem Ketten herausgezogen werden.

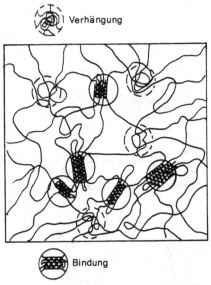

Abb. 106. Netzwerkmodell mit Verhängungs- und Bindungsbereichen.

3. Lockerbereiche, in denen den Kettensegmenten ein genügend großes freies Volumen zur Verfügung steht, so daß sie sich relativ frei bewegen können. Hier wirken auch keine stärkeren intermolekularen Kräfte. Die in diesen Bereichen verlaufenden Kettenabschnitte werden bei Deformation einfach (entropie-)elastisch gestreckt.

Das Gesamtverhalten des Polymeren hängt von der Netzwerkdichte (mittlere Maschenweite) und von der mittleren Bindungs-

Tabelle. 19. Zusammenhang zwischen mechanischen Eigenschaften eines Polymeren und seiner Netzwerkstruktur

Kurve	Eigenschaften	Maschenweite	Bindungsstärke
1	hart, spröd	eng	stark
2	hart, zäh	weit	stark
3	weich, zäh	weit	mittelstark
4	weich	eng	schwach
5	plastisch	weit	schwach

stärke vorwiegend in den Verhängungsbereichen ab. Die verbindenden Kettenabschnitte haben mehr oder weniger Knäuelform, ihr Verhalten wird durch die ungeordnete thermische Bewegung ihrer Segmente bestimmt (siehe Abschnitt 10.2.). In Tab. 19 wird qualitativ gezeigt, wie die Gesamteigenschaften des Polymeren von seiner Netzwerkstruktur, charakterisiert durch die mittlere Maschenweite und die Stärke der zwischenmolekularen Bindungen, abhängen.

In diesem Schema finden auch die Schmelzen ihren Platz. Sie haben keine echten Bindungs-, nur Verhängungsbereiche und Bereiche höherer Dichte, die schwach fixiert sind. Sie verhalten sich daher ausgesprochen plastisch, die Molekülketten können aneinander abgleiten.

10.2. Mechanische Eigenschaften von Molekülknäueln

10.2.1. Entropieelastizität, Verknäuelungs-Rückstellkraft

Wie in früheren Kapiteln ausgeführt, ist die thermische Bewegung der Kettensegmente verantwortlich für die Verknäuelung der flexiblen Molekülketten. Mit steigender Temperatur werden größere Endpunktsabstände wahrscheinlicher. Zur Beschreibung braucht man dann ein *Kuhn*sches Äquivalentknäuel mit einer größeren Segmentlänge A. Die Wahrscheinlichkeit, mit der bestimmte Endpunktsabstände h zwischen 0 und der gestreckten Länge auftreten (Endpunktsabstandsfunktion), ändert etwa in der in Abb. 107 gezeigten Weise ihre Form.

Für die Endpunktsabstandsfunktion kann man näherungsweise schreiben (für gestreckte Konformation ist die Näherung unbrauchbar. In Abb. 107 ist der Verlauf der Näherungsfunktion gestrichelt.):

$$W(h_e) \, dh_e \approx 4 \, \frac{b^3}{\sqrt{\pi}} \cdot h_e^2 \cdot \exp(-b^2 \, h_e^2) \, dh_e$$

mit

$$b^2 = \frac{3}{2 \, N \, A^2} = \frac{3}{2 \, \langle h_e^2 \rangle}.$$

Mechanische Dehnung der Molekülkette erfordert, genauso wie die durch Temperaturerhöhung verursachte, Energie. Im Falle einer Kette mit freier Drehbarkeit (z. B. *Kuhn*scher

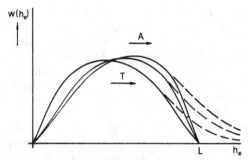

Abb. 107. Endpunktabstandsverteilungsfunktion für Knäuelmoleküle als Funktion der Temperatur T. W(h) = Wahrscheinlichkeit des Endpunktsabstands h, L = gestreckte Moleküllänge, A = *Kuhn*sches Fadenelement, ausgezogen: reale Funktion, strichliert: mathematische Näherung.

Knäuel) dient diese Energie ausschließlich zur Erhöhung der Entropie. Diese Entropieerhöhung kann man aus der Zunahme der Wahrscheinlichkeit von größeren Endpunktsabständen ausrechnen.

Bei Vergrößerung des mittleren Endpunktsabstands h_e auf $h_{e,1}$ ergibt sich folgende Rechnung:

Energiebedarf für Knäuelstreckung: $h_e \rightarrow h_{e,1}$

$$\Delta G = \Delta H - T \Delta S$$
$$\Delta H = 0 \qquad \Delta S = k \cdot \ln \frac{W(h_{e,1})}{W(h_e)}.$$

Die Änderung der Freien Enthalpie bei Änderung des Endpunktsabstands entspricht der *rücktreibenden Kraft* F_r.

$$\frac{d \Delta G}{dh} = \frac{3 \, kT \, \langle h_{e,1}^2 \rangle^{1/2}}{\langle h_e^2 \rangle^{1/2}} = F_r.$$

Für die Arbeit, die aufgewendet werden muß, um $h_{e,1}$ auf $h_{e,2}$ zu bringen, ergibt sich

$$A = \int_{h_{e,1}}^{h_{e,2}} F_r \, dh = \frac{3 \, kT}{\langle h_e^2 \rangle} \int_{h_{e,1}}^{h_{e,2}} h_e \, dh = \frac{3 \, kT}{2 \langle h_e^2 \rangle} (h_{e,2}^2 - h_{e,1}^2).$$

Um den Endpunktsabstand von $h_{e,1} = 0$ auf $h_{e,2} = h_e$ auszudehnen, muß eine Energie von (3/2) kT, also genau die dem System innewohnende thermische Energie aufgewendet werden. Für die Entfernung der Kettenenden ist daher allein die thermische Bewegung verantwortlich. Beim absoluten Nullpunkt würden sich die Kettenenden nicht voneinander entfernen.

Das Gesagte gilt für den freien Molekülknäuel, läßt sich aber genauso für die Kettensegmente in einem weitmaschigen Netzwerk anwenden. Die Verknüpfungspunkte des Netzes bilden dabei die Endpunkte der zwischen ihnen eingespannten, locker verknäuelten Maschensegmente. Daraus leitet sich die Elastizität von Polymeren im allgemeinen und von Elasten im besonderen sowie auch das Schrumpfen dieser Stoffe bei Temperaturerhöhung her.

10.2.2. Verhalten von Molekülknäueln bei dynamischer Beanspruchung

Die Rückstellkraft ist eine Gleichgewichtsgröße; die errechnete Deformationsenergie ist eine reversible Dehnungsarbeit und gilt streng nur bei sehr langsamer Deformation. Einer schnellen Deformation setzt das Molekül einen größeren Widerstand entgegen. Dieser zusätzliche Deformationswiderstand ist um so größer, je schneller die Deformation im Verhältnis zu den normalen *Konformationswechsel-Geschwindigkeiten* im Molekül ist. Hält man einen sehr schnell gedehnten Molekülfaden in der

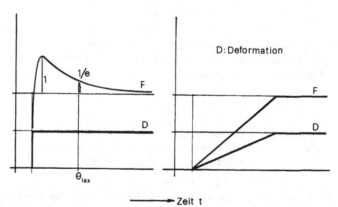

Abb. 108. Auftretende Rückstellkraft bei schneller (links) und langsamer (rechts) Deformation und anschließendem Stillhalten.

Endstellung fest, sinkt die Rückstellkraft langsam auf den Gleichgewichtswert ab, weil die Kettensegmente gemäß ihrer Beweglichkeit ihre wahrscheinlichste Lage einnehmen (siehe Abb. 108). Die Abklinggeschwindigkeit wird durch eine *Relaxationszeit* Θ_{lax} beschrieben, die angibt, nach welcher Zeit die Überspannung auf $1/e$ ihres maximalen Werts abgesunken ist.

Für die Rückstellkraft gilt:

$$F_r = \frac{3\,kT}{N\,A^2} \langle h_{e,1}^2 \rangle + B\,(\Theta_{lax})\,\frac{dh}{dt}.$$

Da in jedem Molekül verschiedene Bewegungsmöglichkeiten vorliegen (isolierte oder gekoppelte Drehungen, Entschlaufungen etc.), muß man im allgemeinen sein dynamisches Verhalten durch ein ganzes *Relaxationszeitspektrum* beschreiben.

10.3. Viskoelastizität

Bei Deformation eines wie in Abschnitt 10.1. beschriebenen Modellnetzwerks kommt es sowohl zu einer elastischen (Verstreckung von Kettensegmenten) als auch zu einer plastischen (Abgleiten von Ketten) Deformation. Den komplexen Vorgang nennt man *viskoelastische Deformation*.

Die plastische Verformung läßt sich in linearer Darstellung folgendermaßen beschreiben:

$$\tau_x = \eta_x \frac{dx}{dt}$$

(verallgemeinertes Viskositätsgesetz von *Newton*).

Für die elastische Deformation kann man ein verallgemeinertes *Hook*sches Gesetz anwenden:

$$\varepsilon_x = \frac{d\tau_x}{dx}$$

τ = Spannung (Schub- bzw. Zug-), η = Viskosität (Quer- bzw. Zug-), ε = Elastizitätsmodul (Schub- bzw. Elongations-), x = Deformation (Winkel bzw. Länge).

Das plastische und das elastische Verhalten können in verschiedener Weise zusammenwirken. Die kombinierte Wirkung kann man mit Hilfe einfacher Modelle berechnen. Als Modell für einen rein elastischen Körper nimmt man eine Feder, für

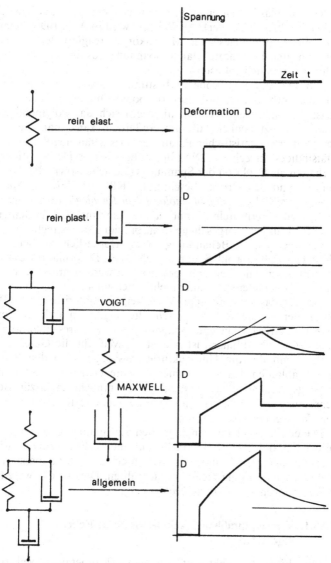

Abb. 109. Reaktion verschiedener Modellkörper auf eine Abfolge mechanischer Spannungen; rechts oben: vorgegebenes Spannungsprogramm, darunter: am Modellkörper hervorgerufene Deformation.

einen rein plastischen einen in einem viskosen Medium beweglichen Kolben (Dämpfer). Als Beispiel wird in Abb. 109 gezeigt, wie ein zusammengesetzter Modellkörper reagiert, wenn man auf ihn eine bestimmte Dauer Spannung ausübt und ihn anschließend schnell entlastet.

Gibt man auf eine Probe ein bestimmtes Spannungsprogramm auf und mißt die Deformation (response-Funktion), kann man feststellen, aus welchen Modellkörpern sich das Polymere zusammengesetzt denken läßt und außerdem kann man die für den Stoff charakteristischen Parameter (Elastizitätsmoduln, Viskositätsindices) errechnen. Die Gleichung, die das Deformationsverhalten als Funktion der Spannungsgeschichte, sowie der Temperatur und des Drucks beschreibt, heißt *rheologisches Stoffgesetz*. Das Ziel der *phänomenologischen Rheologie* ist es, dieses Stoffgesetz zu ermitteln. Kennt man es, kann man das Verhalten des Stoffs für jede vorgesehene Beanspruchungsart berechnen.

Für eine genaue Behandlung ist es erforderlich, zu berücksichtigen, daß sowohl Spannung als auch Deformation durch mehrdimensionale Tensoren beschrieben werden müssen. Auch die Stoffparameter sind daher mehrdimensional.

Der für das zeitabhängige Verhalten charakteristische Stoffparameter ist die *Relaxationszeit,* die angibt, in welcher Zeit eine isometrisch angelegte Spannung auf 1/e ihres ursprünglichen Werts abgeklungen ist. Sie ist ein Maß für die Geschwindigkeit, mit der die Umstrukturierungsvorgänge in den Polymeren ablaufen. Da aber immer verschiedenartige Umstrukturierungsvorgänge gleichzeitig ablaufen, braucht man zur Beschreibung des Verhaltens in der Regel mehrere Relaxationszeiten *(Relaxationszeitspektrum).*

Die einzelnen phänomenologischen Stoffparameter lassen sich mit Hilfe des Netzwerkmodells auf molekulare Größen wie Netzbogenlänge, Konformationswechselzeiten, Bindungsstärke (Gleitfaktor, slipping factor) zurückführen. Dies ist das wesentliche Anliegen der *Strukturrheologie.*

10.3.1. Temperaturabhängigkeit der viskoelastischen Eigenschaften

Die *Viskosität* sinkt mit steigender Temperatur, weil die Fließaktivierungsenergie für Platzwechsel leichter überschritten werden kann.

Die rein *elastische Komponente* wird durch die thermische Bewegung der Netzbogensegmente bedingt, ihr Anteil nimmt mit steigender Temperatur zu, wenn nicht gleichzeitig Netzwerksknoten (Verhängungsbereiche) aufschmelzen und sich damit die Zahl der wirksamen Netzbogen verringert. Für ein einzelnes Netzbogenelement wirkt der Elastizitätsmodul

$$\varepsilon = \frac{3\,kT}{\langle h^2 \rangle}$$

h = Abstand zwischen zwei Verknüpfungspunkten.

Für den Festkörper ergibt sich, wenn man sich ihn vollständig aus einem gleichmäßigen Netzwerk aufgebaut denkt:

$$\varepsilon = \frac{d \cdot RT}{M_e}$$

d = Dichte, M_e = Molmasse eines Netzbogens (bei ungleichmäßigem Netzwerk ein Mittelwert).

Die *Zeitabhängigkeit* des Deformationsverhaltens ändert sich stark mit der Temperatur. Die Ansprechzeit, mit der eine Deformation abläuft, hängt ja von der Geschwindigkeit der Konformationswechsel und damit von der thermischen Energie des Systems ab. Ein bei niedriger Temperatur langsam ausgeführter Versuch liefert in erster Näherung dasselbe Ergebnis wie eine schnelle Messung bei entsprechend höherer Temperatur (konstantes Verhältnis der Deformationsgeschwindigkeit zur Geschwindigkeit der Segmentbewegungen) *Zeit-Temperatur-Superpositionsprinzip.*

10.4. Mechanische Spektroskopie

Eine stationäre angelegte Spannung σ klingt in einem Polymeren nach

$$\sigma = \sigma_0 \cdot e^{-\frac{t}{\Theta}}$$

ab.

Θ = Relaxationszeit, σ_0 = Ausgangsspannung.
Wirken verschiedene Relaxationsmechanismen, gilt:

$$\sigma = \sum_i \sigma_{0,i} \cdot e^{-(t/\Theta_i)}.$$

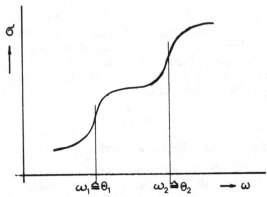

Abb. 110. Maximal auftretende Schubspannung σ bei Wechselbeanspruchung. ω = Frequenz der Wechselspannung, Θ_i = Relaxationszeiten.

Man kann die Relaxationszeiten durch Analyse der Abklingkurve erhalten.

Direktere Auskunft geben aber dynamische Messungen, bei denen man die Probe einer periodisch wechselnden Spannung unterwirft (z. B. mit einem Torsionspendel oder in einem Schwingungsviskosimeter).

In einem viskoelastischen Körper erreicht die Deformation nicht zugleich mit der Spannung ihren Maximalwert, sondern eilt in Phase nach. Aus der Nacheilung (Verlustwinkel) kann man den elastischen Anteil (Speichermodul) und aus der Dämpfung der Schwingung die plastische Komponente (Verlustmodul) ermitteln. Untersucht man die Moduln als Funktion der Deformationsfrequenz, erhält man eine Stufenkurve, die bei den im System wirksamen Eigenrelaxationszeiten, denen jeweils Frequenzen ω_i entsprechen, Dispersionsgebiete zeigen.

In Abb. 110 ist die Zunahme der Amplitude der Schub- oder Zugspannung bei oszillierender Beanspruchung zu sehen. Aus den Wendepunkten der Kurve kann auf die Trägheit der molekularen Bewegungsmechanismen geschlossen werden.

10.5. Thermomechanische Analyse

Bei Phasenübergängen ändern sich die mechanischen Eigenschaften sehr stark. Man kann daher die Übergänge gut anhand

214

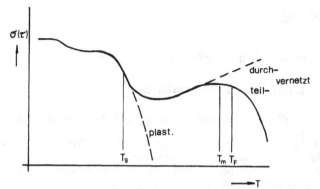

Abb. 111. Thermomechanische Funktion: Änderung einer an einem Probekörper angelegten Spannung bei Temperaturerhöhung.

der Temperaturabhängigkeit der viskoelastischen Moduln verfolgen (siehe Abb. 111).

Im gummielastischen Bereich steigt die Elastizität mit der Temperatur an. Bei Phasenübergängen sinkt sie dagegen, weil hier Bindungen zwischen den Molekülketten gelöst werden.

Bei teilkristallinen Polymeren kann das Aufschmelzen der kristallinen Bereiche vor oder nach dem Erweichen erfolgen (Erweichen = Übergang in den makroskopisch flüssigen Zustand).

Ein gummi-elastischer Bereich tritt nur in denjenigen Polymeren auf, in denen genügend beständige, weitmaschige Vernetzungen vorhanden sind. Handelt es sich dabei um kovalente Netzbrücken, bleibt das hohe Festigkeitsniveau bis zur Zersetzungstemperatur erhalten.

Anhang

1. Ergänzende und weiterführende Literatur

1.1. Einführungen und Lehrbücher

1. *H.-G. Elias:* Makromoleküle, Hüttig und Wepf, Basel-Heidelberg 1975.
2. *B. Vollmert:* Grundriß der makromol. Chemie. Verlag B. Vollmert 1980, 2 Bde.; Taschenbuchausgabe 5 Bde.
3. *J. H. G. Cowie:* Chemie und Physik der Polymeren. Verlag Chemie, Weinheim-N. Y. 1976
4. *H. Batzer* und *F. Lohse:* Einführung in die Makromolekulare Chemie. Hüttig u. Wepf, Basel-Heidelberg 1976
5. *B. Philipp* und *G. Reinisch:* Grundlagen der Makromolekularen Chemie. Akad. Verlag Berlin 1976
6. *F. Runge:* Einführung in die Chemie und Technologie der Kunststoffe. Akad. Verlag Berlin 1963
7. *R. W. Lenz:* Organic Chemistry of High Polymers. Wiley, New York 1967

1.2. Nachschlagwerke

1. *J. Brandrup* und *E. H. Immergut,* Polymer Handbook, Wiley 1976
2. *H. F. Mark, N. G. Gaylord,* and *N. M. Bikales:* Encyclopedia of Polymer Science and Technology, Vol. 1–15, Wiley, New York 1964–1973
3. *E. Müller:* Methoden der organischen Chemie (Houben-Weyl), Bd. 14, Teil 1 u. 2, Makromolekulare Stoffe, Hanser, München 1963
4. *H. Saechtling:* Kunststoff-Taschenbuch. Hanser, München 1979
5. Kunststoff-Lexikon. Hanser, München 1975

1.3. Wichtige Zeitschriften

1. Acta Polymerica, Akad. Verl., Berlin
2. Advances in Polymer Science, Springer, Berlin
3. Die Angewandte Makromolekulare Chemie, Hüttig und Wepf, Basel
4. European Polymer Journal, Pergamon Press, Oxford
5. Faserforschung und Textiltechnik, Zeitschrift für Polymere, AkademieVerlag, Berlin (jetzt: Acta Polymerica)

6. Journal of Applied Polymer Science, Wiley, New York
7. Journal of Colloid and Polymer Science, Springer, Berlin
8. Journal of Polymer Science, Dekker, New York
9. Macromolecules, Am. Chem. Society, Washington
10. Die Makromolekulare Chemie, Hüttig u. Wepf, Basel
11. Polymer, IPC Science and Technology Press, Guildford/England

Sachverzeichnis

Steinkopff Studientexte

DR. DIETRICH STEINKOPFF VERLAG · DARMSTADT

UTB

Fachbereich Chemie

1 Kaufmann: Grundlagen der
organischen Chemie
(Birkhäuser). 5. Aufl. 77. DM 16,80

53 Fluck, Brasted: Allgemeine und
anorganische Chemie
(Quelle & Meyer). 2. Aufl. 79.
DM 21,80

88 Wieland, Kaufmann: Die
Woodward-Hoffmann-Regeln
(Birkhäuser). 1972. DM 9,80

99 Eliel: Grundlagen der
Stereochemie
(Birkhäuser). 2. Aufl. 77. DM 10,80

197 Moll: Taschenbuch für
Umweltschutz 1. Chemische und
technologische Informationen
(Steinkopff). 2. Aufl. 78. DM 19,80

231 Hölig, Otterstätter: Chemisches
Grundpraktikum
(Steinkopff). 1973. DM 12,80

263 Jaffé, Orchin: Symmetrie in der
Chemie
(Hüthig). 2. Aufl. 73. DM 16,80

283 Schneider, Kutscher:
Kurspraktikum der allgemeinen und
anorganischen Chemie
(Steinkopff). 1974. DM 19,80

342 Maier: Lebensmittelanalytik 1
Optische Methoden
(Steinkopff). 2. Aufl. 74. DM 9,80

405 Maier: Lebensmittelanalytik 2
Chromatographische Methoden
(Steinkopff). 1975. DM 17,80

387 Nuffield-Chemie-
Unterrichtsmodelle für das 5. u.
6. Schuljahr Grundkurs Stufe 1
(Quelle & Meyer). 1974. DM 19,80

388 Nuffield-Chemie.
Unterrichtsmodelle. Grundkurs
Stufe 2, Teil I
(Quelle & Meyer). 1978. DM 19,80

409 Härtter:
Wahrscheinlichkeitsrechnung für
Wirtschafts- und
Naturwissenschaftler
(Vandenhoeck). 1974. DM 19,80

509 Hölig: Lerntest Chemie 1 Textteil
(Steinkopff). 1976. DM 17,80

615 Fischer, Ewen: Molekülphysik
(Steinkopff). 1979. Ca. DM 16,80

634 Freudenberg, Plieninger:
Organische Chemie
(Quelle & Meyer). 13. Aufl. 77.
DM 19,80

638 Hölig: Lerntest Chemie 2
Lösungsteil
(Steinkopff). 1976. DM 14,80

675 Berg, Diel, Frank: Rückstände
und Verunreinigungen in
Lebensmitteln
(Steinkopff). 1978. DM 18,80

676 Maier: Lebensmittelanalytik 3
Elektrochem. und enzymat.
Methoden
(Steinkopff). 1977. DM 17,80

842 Ault, Dudek: Protonen-
Kernresonanz-Spektroskopie
(Steinkopff). 1978. DM 18,80

853 Nuffield-Chemie.
Unterrichtsmodelle. Grundkurs
Stufe 2 Teil II
(Quelle & Meyer). 1978. DM 16,80

902 Gruber: Polymerchemie
(Steinkopff). 1979. Ca. DM 16,80

Uni-Taschenbücher
wissenschaftliche Taschenbücher für
alle Fachbereiche.
Das UTB-Gesamtverzeichnis
erhalten Sie bei Ihrem Buchhändler
oder direkt von
UTB, Am Wallgraben 129,
Postfach 80 11 24, 7000 Stuttgart 80

UTB